图灵程序设计丛书

菜鸟侦探挑战
数据分析

[日] 石田基广 著　　支鹏浩 译

U0220224

人 民 邮 电 出 版 社
北 京

Call:
glm(formula = low ~ age + lwt +
ftv, family = binomial, data

Deviance Residuals:
Min   1Q   Median
-1.8946 -0.8212 -0.5316   3Q
0.9818

Coefficients:
(Intercept)   Estimate Std. Error z value
age   0.480623   1.196888   0.402
lwt   -0.029549   0.037031 -0.798
raceB   -0.015424   0.006919 -2.229
race0   1.272260   0.527357   2.413
smokey   0.880496   0.440778   1.998
ptl   0.938846   0.345403   2.335
htY   0.543337   0.402147   1.573
uiY   1.863303   0.697533   2.671
ftv   0.767648   0.459318   1.671
                0.065302   0.172394   0.379

Signif. codes:
0 '***' 0.001 '**' 0.01 '*' 0.05 '.' 0.1 ' ' 1

(Dispersion parameter for binomial family taken to be

Null deviance: 234   on 188 degrees of f
Residual deviance: 28 on 179 degrees
AIC: 221.28

Number   ished Scoring iterat

图书在版编目(CIP)数据

菜鸟侦探挑战数据分析 / (日)石田基广著;支鹏浩译. -- 北京:人民邮电出版社,2017.1(2023.6重印)
(图灵程序设计丛书)
ISBN 978-7-115-44166-9

Ⅰ.①菜… Ⅱ.①石… ②支… Ⅲ.①数据处理 Ⅳ.①TP274

中国版本图书馆CIP数据核字(2015)第288596号

内 容 提 要

本书以小说的形式展开,讲述了主人公俅太从大学文科专业毕业后进入征信所,从零开始学习数据分析的故事。书中以主人公就职的征信所所在的商业街为舞台,选取贴近生活的案例,将平均值、t检验、卡方检验、相关、回归分析、文本挖掘以及时间序列分析等数据分析的基础知识融入到了生动有趣的侦探故事中,讲解由浅入深、寓教于乐,没有深奥的理论和晦涩的术语,同时提供了大量实际数据,使用免费自由软件RStudio引领读者进一步体验数据分析,实践性非常强。本书适合所有对数据分析感兴趣但又苦于无从下手的读者阅读。

◆ 著 [日]石田基广
   译 支鹏浩
   责任编辑 傅志红
   执行编辑 高宇涵 侯秀娟
   责任印制 彭志环

◆ 人民邮电出版社出版发行 北京市丰台区成寿寺路11号
   邮编 100164 电子邮件 315@ptpress.com.cn
   网址 https://www.ptpress.com.cn
   北京天宇星印刷厂印刷

◆ 开本:880×1230 1/32
   印张:8.25   2017年1月第1版
   字数:230千字   2023年6月北京第4次印刷
   著作权合同登记号 图字:01-2016-3272号

定价:49.80元

读者服务热线:(010)84084456-6009 印装质量热线:(010)81055316
反盗版热线:(010)81055315
广告经营许可证:京东市监广登字20170147号

版 权 声 明

- 本书涉及的 R 脚本已确认能在 R（3.2.1，Windows 版、Mac 版 ）、RStudio（0.99.467，Windows 版、Mac 版 ）上正常运行，此处所用各版本均为编写脚本时的最新版本。
- 对 R 和 RStudio 的安装及基本操作不熟悉的读者请先阅读"番外篇"。
- 下述 URL 为介绍本书内容的网站。本书各章涉及的数据以及 R 脚本都可以在这个网站下载（点击"随书下载"）。另外，各位可以在网站的评论区发表对本书的感想和意见。

http://www.ituring.com.cn/book/1809

走近"数据分析"
——对于初学者而言本书具有的三大优势

　　相信对许多读者来说,"大数据""数据科学"这类词并不陌生。就连电视上也曾介绍过,在改善医疗、振兴旅游业等方面,大数据被寄予了厚望。大数据已经走近了我们,而我们却难免会觉得"数据的运用确实让很多事情都方便了不少,但这么高端的东西肯定跟自己不沾边"。

　　实际上,数据相关的知识和技术正在融入我们的日常生活。回想20世纪90年代的数据分析,那是需要一群掌握着特殊技术的专家用造价高昂的大型计算机才能干的活。而现在,我们只需一台廉价的笔记本电脑,甚至是一部智能手机,就能完成当年专家们费时费力折腾许久才能完成的工作。

　　在过去,要想进行高端的数据分析,就必须先学习晦涩难懂的数学知识。再加上分析过程需要计算机来辅助计算,所以人们还必须学习编程语言并自己敲代码。如今,这类分析就连路边报刊亭大婶都能手到擒来,完全不用学那些难懂的数学了。当然,学数学还是有其好处与作用的。(笔者的一位朋友得知用 PC 就能进行数据分析后,一头扎进了数据分析的世界,后来还把数据分析涉及的数学和工学都重新学了一遍。其实这样的人也并不少见。)

　　本书是一本数据分析的入门书,面向从零学起、想掌握一定数据分析能力的读者。如果你听说过"数据分析",有兴趣对其加深了解却又苦于无从下手,或是大学统计学上亮了红灯,想重新挑战一番,那么这本书应该会适合你。本书具有以下三大优势。

- 由浅入深地介绍数据分析的相关问题,其中包含一般入门书并不会涉及的一些深度问题

- 知识融合在故事之中，悬念迭出的剧情让人忍不住想继续读下去
- 书中内容（实际的数据分析）可在免费自由软件上执行

下面我们具体介绍这三大优势。

■关于数据分析

本书从各位耳熟能详的“平均值”开始讲起。与往常不同的是，我们将通过数据模拟来加深各位对平均值（期望值）的理解。同时，各位可以在自己的电脑上实际体验书中提及的数据模拟。

随后我们将通过具体事例为各位讲解两种分析手法，即“分析平均值是否存在差异的手法（t检验）”和“从问卷结果中分析意见差异的手法（卡方检验）”。除此之外，书中内容还会涉及用于数据预测的回归分析、逻辑回归分析等高级分析手法。

不仅如此，本书还会介绍文本挖掘的相关知识。文本挖掘是一种对文章进行解析并从中找出有用信息的分析手法。如今市面上介绍文本挖掘的书籍寥寥无几。

举个例子，在 SNS 日益火爆的现在，许多人会把自己的意见或感想直接发表在 Facebook、Twitter 或各种博客上。比如自己买了一台空气净化器，有些人就会把使用后的感想发上来。我们只要将国内关于空气净化器的博文收集起来并加以分析，就能知道为什么某些产品广受支持，而某些产品则恶评不断了。

但说起来容易做起来难，这类评论的文本总量往往十分惊人，一条条去收集、去读根本不现实。不过，如今我们只需用市面上的一些工具，就能轻松地在网上自动收集文章并交给计算机去解析，从中找出有建设性的意见。实际上，许多生产商一直都是这样做的。他们在网上收集对自家商品的评价，调查消费者的使用感受以及偏好，从而调整新一代商品的设计定位。本书中文本挖掘的事例相对简单，但为了让各位感受到其威力，特地加入了大量说明。

■知识融入故事的形式

本书的主人公田中俵太是文科的大学应届毕业生。他自今年春天入

职征信所，职务是"侦探"。他将在天羽幸小姐的指导下从零开始学习数据分析。天羽小姐是数据分析专家，为人略显霸道，加之其人生字典里从来没有"委婉"二字，让我们的主人公俵太三天两头就要受点打击。每到这种时候，天羽小姐的助手川崎逸子小姐就会站出来，将数据分析的入门知识手把手地传授给俵太。

　　故事以一个小商业街为舞台，所以不会发生与"大数据"相关的案子。相反，我们将要解决的小案子都是各位身边随时可能发生的问题。随着这些案子一个个被解决，俵太的知识与技能将逐渐丰富起来。

■用免费自由软件 RStudio 进一步体验数据分析

　　如果只想对数据分析有个大致了解，那么通读一遍本书就足够了。不过，自己实际动手做出结果才是数据分析的最大乐趣所在。因此，我们为各章中发生的"案子"准备了实际数据（其中一部分经过了简化）。各位可以把这些数据下载下来，在自己的电脑上验证案子的来龙去脉及其解决方案。

　　进行数据分析需要专用软件。本书主要使用的是免费自由软件 RStudio，其使用方法的介绍已被穿插在故事的各个场景中。有兴趣的读者不妨参考本书的"番外篇"安装 RStudio。

＊ ＊ ＊

　　希望各位读者能通过本书感受到数据分析带来的乐趣，进而力求在数据分析方面更上一层楼。最后，对于在草稿阶段为本书整体内容提出诸多建议的石田和枝老师，从初学者角度对 RStudio 操作说明部分指出不足之处的片冈伸一老师，为奋战在枯燥的数据分析第一线的主人公们赋予了亲切外貌的插画师 shimano 老师，以及在交稿阶段不厌其烦地为笔者进行审校的 SB Creative 公司的则松直树老师，笔者在此致以衷心的感谢。

石田基广

2015 年 9 月

目录

00-01 遭贼的概率

在我的印象中，侦探的工作就是凭借经验和直觉推理破案，比如查明大家族内杀人案的真凶，或者找出富商埋藏的传家宝之类的。老实说，推理类小说对我的吸引力并不大，不过侦探这职业倒是让我觉得挺酷。正是出于这种原因，我这个到了大四下半学期仍没拿到一份Offer 的学生，才会在偶然瞥见招聘网站上的征信所招聘信息时眼前一亮，还拿出了十足的诚意投了简历。结果征信所很快就回了信息，而且说是直接面试，没有笔试环节。他们真的会聘用我这么一个毫无经验的22 岁毛头小子？对此半信半疑的我，怀着死马当活马医的心情去参加了面试。

面试官是一位尚算年轻的女士，脸上自始至终都没有过一丝笑意。我这边是紧张得前言不搭后语，她那边则是字字冰冷、句句带刺。总而言之，就是"唉，八成又没戏"。但出乎意料的是，几天后，沉溺在失落中的我居然接到了征信所发来的 Offer。

现在回想起来有些后悔，因为当时就该觉得不对劲了。但那时的我早就被找工作的事烦得焦头烂额，根本没心思去怀疑这来之不易的 Offer 和用人单位。再加上大四下半学期跟毕业论文的一番苦战，等我回过神来时已经迎来了毕业典礼。至于征信所那边，自从春假时发过来一份入职指南之后就再没联系过我。

辞旧迎新的钟声早已远去，转眼已是 4 月 1 日了。我按照入职指南的要求乘车来到东京都某站，如今正向征信所所在的商业办公楼走去。

进门乘电梯上到 5 层，然后凭当初面试时的记忆右转，径直来到走廊尽头的征信所门前，只见门牌上写着"商业研究 AMO'S 事务所"。于是我站定脚步，略作深呼吸，按响了门铃。

"……"

没人应门。再按一次好了。

"……"

还是没人应门。我拿出手机看了看时间，刚过 8 点，或许是来得太早了些。但话又说回来了，入职指南上根本就没写几点来啊。想到这里，我又从包里翻出了录用通知书和入职指南，上面的公司名是"商业研究 AMO'S 事务所"，这个显然没搞错。然后把入职指南也重新确认了一遍，正文里只提到"4 月 1 日携个人印章至公司报到"。于是只能继续按门铃，但依旧没人应门。

"???"

无奈之下，我索性直接拧了拧门把手，结果当然是打不开。门把手上有两个锁孔。我把耳朵贴到门上，然而里面一丝动静都没有。于是我又把全身都贴到门上想尽力听听声音，这时候，一个尖锐的噪音突然从背后传来。

"你在那干什么呢?"
"哇啊!"

　　我吓得赶忙回过头,发现身后站着一位年轻的女士,身材高挑,穿着一套黑色西装。当然,年轻归年轻,真论起年龄,恐怕她要比我大不少。正当我觉得这位女士有几分面熟,仔细端详思索之际,她突然把手中的提包扔在了地上。再望去时,她右手早已握着一根黑色的棒状物,我登时就傻了眼。这时,只见她左手捏住黑棒顶端向外一扯,从里面拽出了一根闪着银色光泽的金属棒。

　　"别别别,别冲动。我不是贼!"

　　"这我知道。因为实际遭贼的概率根本就不高。一年内遭贼的概率充其量也就 0.1%。"

"诶??"
"再说了，更不会有贼敢闯征信所的空门。"

"这……倒也是这么回事。"
"你小子是跟踪狂吧？你那吊儿郎当的口气我有印象。"

到这里我才回想起来。这声音，还有这眼镜，她不就是当初面试我的那个人嘛。当时她也是透过这副眼镜，冷冷地瞪着有问必结巴的我。不过现在，这位面试官正斜架着警棍慢慢向我靠近。

"我……我叫田中俵太，是今天来贵公司报到的新员工!!"

我话音刚落，她就立刻停住了。

"田中俵太？对了，今天好像是有个新人要报到来着。你是今天开始上班？"
"这里写着的。"

说着我把征信所发来的录用通知书和入职指南拿给她看。她并没有接过去，只是随便瞟了一眼，便轻轻吐了口气并捡起了地上的提包。呼……我安全了！她貌似肯收起警棍了。

"话说，你这新员工为什么要像个壁虎似的趴在门上？"
"呃，我是见按了门铃没反应，想听听里面是不是真的没人。况且门还锁着。"
"钥匙就在门垫下面。"

她指着我脚下的红色门垫说道。

00-02　两把钥匙都选对的概率

"啊？征信所居然这么随便？"

"我都说了，一般的贼根本不会把征信所当成目标。"

我弯下腰翻开门垫，眼前出现了 6 把外形和颜色完全相同的钥匙。

"这……这是？"

"这里面有一个是门把手的钥匙，还有一个是辅助锁的钥匙。不过，必须两把钥匙都选对而且同时拧，门才能打开。"

"哈哈，原来如此，拿假钥匙做障眼法啊。这个还真有想法。可是，6 把钥匙里面 2 真 4 假，应该很快就能试出来吧？"

"那你自己试试看呗。"

于是我随便捡起 2 把插进锁孔，发现拧不开。把钥匙对调了一下又插进去，还是拧不开。看来这两把里面至少有一把是假的。稍微思考之后，我决定放下其中一把钥匙，随便捡起另一把钥匙插入锁孔，两边同时拧了下，然而锁依旧不给面子。

随后又是一阵换钥匙、对调、换钥匙、对调，结果所有组合统统败下阵来。像这样两手同时去拧两把钥匙，用的是平时很少用到的肌肉，所以还是蛮辛苦的。

"……看来没我想象得那么好开啊。"

"两把钥匙都选对的概率是 1/30。"

"诶？是吗？"

"6 个中先选出一个，这有 6 种情况。然后从剩下的 5 个中再选出一个。所以选择 2 个钥匙总共有 6×5 = 30 种情况。然后这 30 种之中只有 1 种能打开门。"

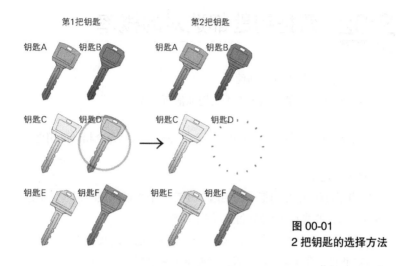

图 00-01
2 把钥匙的选择方法

"啊哈？原来是这样。"

"这在数学里叫排列。"

说着，她从提包里拿出遥控器，按下了按钮。门上两个锁同时发出了开锁的声音。

"这不是用不着钥匙嘛……"

"只有丢过 666 次遥控器的人才会搞得这么谨慎。总之先进去吧。"

我跟着西装女走进门，悔不该无意间嘟囔了一句多余的话。

"原来侦探还要学好数学才行，我一直以为这是个靠经验和直觉办事的工作。"

话刚出口，她就转过身来对我劈头盖脸一顿骂。

"啊？经验和直觉？你小子是不是傻？如今咱这行又不是算命的，凭那种玩意做判断还怎么干活？这年头重要的是数据，数据！"

"诶？数据？"

　　看着我那张吓懵了的脸，她不耐烦地叹了口气，抬了抬下巴指示我去房间里面。

　　到了这会儿，我已经完全猜不到自己在这个征信所里将面临什么样的工作了。说实话，如今的我比她更想叹气。

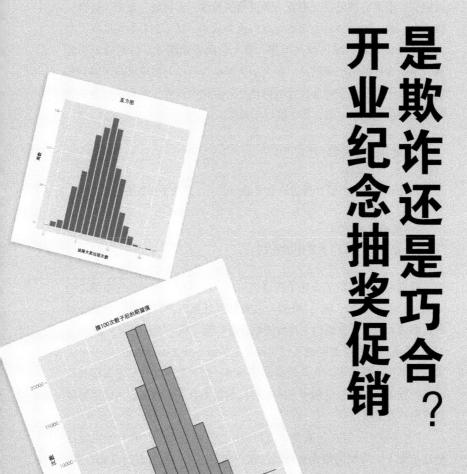

事件簿 01

开业纪念抽奖促销
是欺诈还是巧合？

01-01 征信所这个地方

走进征信所的大门，首先映入眼帘的是一扇屏风。屏风后隔出的一块空间被用作接待室，去年我就是在这里接受面试的。正当我傻站在屏风一旁时，刚才那位女士已经径直走向了里面的房间。我见状慌忙跟了过去。

踏入房门，迎面是落地窗。这面由玻璃墙构成的落地窗由上至下通透明亮，墙面略向外拱，形成一条缓缓的弧线。天花板、墙壁、竖百叶窗洁白一色，地面铺的大理石也以白色为基底，其上配有灰色纹案，灰白对比恰到好处，酿出丝丝美感。整个空间宽敞明亮，简约而不失雅致。房间深处的玻璃墙前是一张大型老板桌，色泽与质感堪与烤漆钢琴媲美。屋子正中两张普通尺寸的白色办公桌相向而置，上面各摆着一台时髦的银色笔记本电脑，存在感好不鲜明。

"你就用那边的桌子吧。"

只见那位女士已经在窗边的老板桌前落座，并指了指我右边的桌子。

"这电脑还真不错。"
"毕竟是咱们工作上要用的东西。"

她借着擦眼镜的工夫回了我这么一句，随后便去摆弄她的电脑。不一会儿，屋里响起"喊""可恶"之类短促且低沉的咒骂声。我惊恐地向她那边看去，只见她仍全神贯注地盯着电脑，双手飞速敲击着键盘。

"我是不是哪里惹到她了？""我是不是做了什么不该做的？"……带着一大堆担心与不安，我开始偷偷观察她，结果发现她那些咒骂跟我没有半毛钱关系。每当电脑卡了或是自己敲错键盘了，她就会条件反射似地发出一阵低吼。

"怎么说呢，这位还真是不简单呐……"这样想着，我开始重新打量这位女士。明媚的阳光恰巧透过窗户斜射进来，被温暖的日光一照，她太阳穴处反射出耀眼的光亮。钻石？还真是钻石！左右眼镜腿根部附近都镶着存在感颇强的钻石。一瞬间，我所有的思绪都被她那副眼镜……不，准确地说是那副眼镜上的钻石光芒夺了去。

"这混账东西在搞什么?！真是够了!"

这突如其来的怒吼响彻房间，把我被吸走的魂儿又吓了回来。定睛一看，发现她仍专注地敲击键盘，眼里根本就没有我。不，在她的意识中，我显然连空气都不如，是个根本不存在的人。

我鼓起勇气，搜刮出"我的入职流程要怎么办?""我今后在公司都要做些什么?"这些问题准备问问她。结果刚张开嘴还没出声，就听"咔哒"一响，连接这里与接待室的门开了。

"早上好……"

循着声音望去，只见一个女孩子站在门口，深蓝色运动夹克配格纹短裙，俨然一副高中生打扮。她背后是一名身材偏瘦的中年男性，黑西装红领带。这位莫非就是总经理？想到这，我慌忙站起身向中年男性鞠了一躬。

"早上好。我是今天入职的田中俵太，请多多关照。"
"哎呀哎呀，幸会了。欢迎欢迎。我也要请你多多关照呢。"

身材娇小的女孩微笑着回应了我，她身后的中年男性却依旧板着脸。难道是我的态度有问题？

"怎么这么晚？"

窗边的女士发了问，视线却没离开显示器。

"我在路上碰巧遇到了樱田先生。"
"那也不用把他带到这来吧？"

听罢，女孩身后的中年男子表情尴尬了起来。随后他走近老板桌，说道：

"话别这么说啊，天羽小姐，你也来帮忙参谋参谋嘛。"

听起来，"天羽"就是这位女士的名字了。

"又有打工的跑路了？"
"没，不是这个事儿。这次问题挺严重的。"

听到这句，被唤作"天羽小姐"的女士叹了口气，站起身来。

"逸子，带他去接待室，顺便倒杯茶。"
"好。"

女孩将中年男性招呼——准确地说是推——出门，两人一起回到了接待室。"天羽小姐"不情不愿地离开位子，这才注意到我的存在。

"哦对，你也在呢。行了，你也来听听吧，没准能学到点什么。"

"啊……好的，但入职流程要怎么办？"

"天羽小姐"皱起了眉头。

"入职流程？就 3 名员工的征信所要个什么鬼的入职流程啊？"

"诶？就 3 个人？那保险什么的手续怎么办？"

"那玩意交给逸子随便办办就行。好了，跟我来吧。"

说着，"天羽小姐"快步向接待室走去。

01-02　商业街会长的委托

我慌忙跟到接待室时，刚才那位中年男性已经在沙发上就坐，"天羽小姐"正准备坐在他对面。男性向我这边看过来，眼神中带着怀疑。

"这是我们的新员工。他叫……呃……你叫什么来着？"

"田中俵太。"

"这位是樱田先生，是附近商业街的自治会长。"

"新员工？接替加藤的？"

"没错。"

"天羽小姐"在沙发上落座，翘起了二郎腿。

"就他这样能活得下来吗？"

"诶？活下来是啥意思？"

"甭听他瞎说，你先坐。"

"天羽小姐"指了指自己左边的位置，我便顺从地坐了下来。不过那句话是什么意思？什么叫能活得下来吗？这会儿，刚刚那个女孩从接待室左侧深处的凹室走了出来，手里端着托盘，托盘上有 4 杯茶水和点心盘。透过帘子，能隐约看到那里是个极其小巧的嵌入式厨房。

"不用太在意啦。还有，我叫川崎逸子，是这个公司的总务科科长。"

"您是科长！？"

"嗯，虽说公司一共就 3 个人。"

川崎小姐笑了笑，给每人面前放上一杯茶，然后坐在了我正对面。她裸腿穿着短裙，搞得我都不知道该往哪看好了。随后见 3 人一起端起茶杯送到嘴边，我也有样学样拿起茶杯，故意将视线从川崎小姐的裙子上移开，喝下一口茶。

"好烫！"

我不禁叫出声来。

"逸子泡的茶一向如此，习惯就好。"

眯着眼细细品茶的"天羽小姐"轻声说道。四下看去，貌似除我以外所有人都已经习惯了这茶水的热度。接下来一段时间，整个接待室里只有品茶的"咝咝"声。

"说吧，出什么事了？"

发问的是"天羽小姐"。她从茶几上的点心盘中拿起一块饼干，咔吧咔吧地嚼了起来。

"唉，我之前跟逸子也说过了，这次没准是欺诈。"

"天羽小姐"嚼饼干的咔吧声停了下来。

"欺诈？这事儿可大了啊。"

一旁的逸子小姐脸上依旧挂着笑，双手捧着茶杯不作声。

"那我再跟你讲讲吧。"
于是樱田先生将整件事描述了一遍，大体可以总结成下面这样。

01-03 "案件"的梗概

上月初，樱田先生的商业街上新开了一家店。该店专营床上用品，从低端产品到高级床榻，一应俱全。经营者是一对年轻夫妇，为了纪念开业，他们举行了为期 1 周的抽奖促销活动，并在报纸上登了广告，说这次抽奖平均每 100 人就能有 1 人获得一等奖，即冲绳三天两夜游双人票，届时可以在巴塞那特雷斯酒店①的泳池别墅中享受天堂般的周末。受此宣传影响，促销期间这家店门庭若市，甚至到现在也是客源不断。对在商业街做生意的人而言，受欢迎的店越多意味着越能活化整条商业街，对自己提升客源也有帮助，自然是高兴还来不及。

但最近这阵子，商业街的一些老店主跑来向樱田先生告状，说那家店在抽奖促销期间每天客流都明显超过 100 人，然而抽中开业纪念大奖的只有 5 个人。类似"1 周只出 5 个大奖实在是不对劲"的言论已经在商业街的店主之间传开了。

"难不成有客人来投诉了？"
"天羽小姐"问完，开始继续咔吧咔吧啃左手捏着的饼干。饼干渣弄得裙子上地板上到处都是。

"不，这倒没有。但咱们毕竟管不住别人的嘴，这流言要是传开了，恐怕会影响到整条商业街的信用。我这个商业街会长决不能坐视不理。"

听罢，"天羽小姐"歪头思索了一下。再看川崎小姐，仍然是那张

---

① 即 The Busena Terrace，位于冲绳县名护市，又称部濑名泰瑞斯海滨渡假酒店。——译者注

笑脸，一言不发。见到这两位什么都不说，樱田先生把目光转向了我。

"你怎么看？也觉得不对劲吧？"

"诶？呃，这个嘛……要我说确实有些不对劲。里面应该有猫腻吧？"

话刚出口，忽然感觉旁边有只手伸了过来。还没等我做出反应，后脑勺就重重挨了一拳。

"别空凭印象做判断！"

我下意识地捂住被"天羽小姐"揍了的后脑勺。

"可……不对劲就是不对劲啊。您想想，他们宣传时说每 100 人就能有 1 个人中奖。现在每天客流都超过 100 人，但 7 天内只开出了 5 个大奖，这怎么看都有问题。"

正好刚刚挨揍心里也窝火，我愤然站起身，走到接待室角落的白板前，拿起黑笔和红笔，开始整理自己的看法。

●俵太整理的笔记：商业街抽奖案件 01

1. 新开张的店举办了抽奖促销活动

2. 广告说平均每 100 人就能有 1 人中一等奖

3. 1 周之内，每天有 100 人抽了奖

4. 1 周内开出了 5 次一等奖

"问题出在第二条，也就是'平均每 100 人就能有 1 人中一等奖'这里。"

●俵太整理的笔记：商业街抽奖案件 02

1. 新开张的店举办了抽奖促销活动

2. 广告说平均每 100 人就能有 1 人中一等奖　←这里不对劲!! 俵太

3. 1 周之内，每天有 100 人抽了奖

4. 1 周内开出了 5 次一等奖

我把反驳之词摆上了台面，但"天羽小姐"没做任何表示，只是端起茶杯吸着茶，故意发出夸张的"咝咝"声。

"这位新人说的没错，这怎么想都有问题啊。1 周应该开出 7 个一等奖才对吧？所以有人怀疑一等奖并不像他们宣传的 100 个里有 1 个，而是大约 200 个里才有 1 个。"

见樱田先生站到了我这边，我顺势在白板上又添了一行。

●俵太整理的笔记：商业街抽奖案件 03
1. 新开张的店举办了抽奖促销活动
2. 广告说平均每 100 人就能有 1 人中一等奖　←这里不对劲!! 俵太
3. 1 周之内，每天有 100 人抽了奖
4. 1 周内开出了 5 次一等奖
5. 100 人 ×7 天，所以应该开出 7 次一等奖　←这样才对!! 樱田

"天羽小姐"对白板上的东西仍是不屑一顾。她一口气喝光了杯中的茶水，将目光投向逸子小姐。

"抽奖用的是新井式旋转抽奖器？"
"不，如今都改用电子式抽奖器了。"
"那是啥？"

"新井式旋转抽奖器是以往商业街抽奖常用的机器，就是那种正八角形的箱子，一转哗啦哗啦响，然后掉出个球来的玩意。"

樱田先生向我解释道。

"不过，这年头大伙儿都改用电子的了。其实他家那个抽奖我也试了。抽奖的时候屏幕上会显示 9 种商品，其中 1 个是大奖，其他都是些纸巾、口香糖之类的便宜货。客人们只要按下屏幕正面的按钮，9 种商品就会依次高亮显示，最后停下时的高亮商品就是奖品了。"

图 01-01
电子式抽奖器

"从这机器的设置看，是有 1% 的概率抽到一等奖，不是 100 次里固定有 1 次能抽到一等奖吧？店家也没说抽奖期间累计最多开出 7 个一等奖，对吧？"

"嗯，确实没提一等奖累计最多开出 7 个。但说了平均每 100 人里就能有 1 人抽中一等奖。"

"那就是 1% 的概率抽出一等奖呗。这跟骰子是一个原理。喂，逸子，拿个骰子来。"

逸子小姐起身走进里面那间办公室，不一会儿工夫，还真拿了一个骰子回来。

01-04 骰子没有"记忆"吗

"俵太知道什么是骰子吧？"
"当然知道，虽说没实际玩过……"
"如今的年轻人可玩不转这东西啦。"

逸子小姐笑着说道。我不禁纳闷，她今年究竟多大？

"无所谓，玩没玩过不要紧，知道它是干什么的就行。"

说着，"天羽小姐"将骰子摆在桌上。正上方是 1 点。

"掷出 1 点的概率是多少？"

这是在问我？还是在问樱田先生？没等我琢磨明白，樱田先生就先开了口。

"1/6 呗。"
"嗯，所以呢？"
"所以什么？"
"掷出 1 点的概率是 1/6，就是说掷 6 次能出现 1 次 1 点吗？"
"显然是啊，毕竟 1/6 嘛。"

樱田先生满脸写着"这不是废话吗"，不耐烦地靠在了沙发上。

"那好，我现在掷 10 次骰子。"

"天羽小姐"拿起骰子向桌面一丢，6 点。紧接着第 2 次是 3 点，然后又是 6 点。第 4 次是 5 点，第 5 次还是 6 点。随后依次是 3 点、2 点、4 点、3 点、5 点。10 次过后也没有出现 1 点。

图 01-02
掷 10 次骰子的结果

"不出 1 点啊。"
"这也是难免的嘛。"

樱田先生的反驳中带着几分尴尬。

"没错，这是难免的。"

"天羽小姐"一脸认真地回答到。我和樱田先生大眼瞪小眼，完全没搞懂"天羽小姐"想表达什么，然而"天羽小姐"却没再往下说。

"呃，'天羽小姐'，掷 1 次骰子出现 1 到 6 点的概率都是 1/6，这个我懂。掷 6 次骰子不一定每个面各出 1 次，这我也理解。但咱们讨论的抽奖和骰子有什么关系啊？"

"怎么，都说到这份儿上了你还没懂？"

"天羽小姐"抱着双臂，表情难看极了。

"那我来补充一下好啦。"

见逸子小姐探过身来，"天羽小姐"索性往沙发上一靠，无力地挥了挥手，一脸"随你吧"的表情。逸子小姐站起身，将接待室角落的白板拉到沙发前，"嗯哼"一声清了清嗓子。

01-05 逸子小姐的讲解

"首先我们回顾一下案件的起因。商业街新开了一家店，然后这家店举行了抽奖促销，对吧？"

我和樱田先生望着逸子小姐，同时点了头。

"但是，抽奖的中奖率出现了争议，店家的说法是平均每 100 人就能有 1 人中一等奖。"

说着，逸子小姐轻快地转过身，用黑色马克笔在白板左半部分书写起来，笔尖划过白板发出清晰的"吱吱"声。逸子小姐个子不高，写字时需要略微踮起脚尖，结果使得短裙后摆隐约显出一条向上的弧线，叫人不知道该往哪看好。无奈之下，我只好扭头看向樱田先生，却发现樱田先生正目不转睛地盯着白板方向。

●逸子小姐整理的笔记：商业街的抽奖
抽奖促销
1. 宣传说"平均每 100 人就能有 1 人抽中一等奖"
2. 中奖率由店家调整——1%

"如何？有错吗？"

"嗯，没错。是吧，樱田先生？"

直到被我叫了名字，樱田先生才猛地回过神来。他慌忙抬头看了看白板上的笔记，点了点头。

"那么，把我刚刚整理的这 2 条套用到骰子上，就是这个样子。"

逸子小姐在刚刚写好的列表右侧添了几行。

●逸子小姐整理的笔记：商业街的抽奖与骰子实验

抽奖促销	骰子
1. 宣传说"平均每 100 人就能有 1 人抽中一等奖"	1. 掷 6 次出 1 次 1 点
2. 中奖率由店家调整——1%	2. 各数字出现的概率无法更改——1/6

"到这儿也没问题吧？"

我和樱田先生连连点头。

"那我继续啦。抽奖、掷骰子的最终结果分别是这样。"

●逸子小姐整理的笔记：商业街的抽奖与骰子实验的结果

抽奖促销	骰子
1. 宣传说"平均每 100 人就能有 1 人抽中一等奖"	1. 掷 6 次出 1 次 1 点
2. 中奖率由店家调整——1%	2. 各数字出现的概率无法更改——1/6
3. 每天的客人超过 100 人——1 周总共有超过 700 人参与抽奖	3. 掷了 10 次——记录了 10 个点数
4. 1 周内开出一等奖的次数——5 次	4. 10 个点数的统计结果——1 点出现了 0 次

"然后，关于连掷 10 次骰子不出现 1 点的情况，阿幸已经讲过了。你们俩也说'这是难免的'，都认可对吧?"

"因……因为现实就摆在眼前啊……"

樱田先生不知为何显得有些兴奋，声调莫名地高了几分。

"那好，如果把同样情况套到抽奖上呢? 比如抽奖中一等奖的概率是 1%，但 1 周只开出 5 次一等奖。为什么拿骰子举例的时候你们承认'这是难免的'，换成抽奖就成了'这里面有猫腻'呢?"

"可是骰子只扔了 10 次，但抽奖 1 周超过了 700 次啊。抽这么多次才出 5 次一等奖，我还是认为不现实。"

樱田先生仍旧不服气，站起身来一边反驳一边在白板上添加自己的看法。

●逸子小姐整理的笔记：商业街的抽奖与骰子实验（樱田的反驳）

抽奖促销	骰子
1. 宣传说"平均每 100 人就能有 1 人抽中一等奖"	1. 掷 6 次出 1 次 1 点
2. 中奖率由店家调整——1%	2. 各数字出现的概率无法更改——1/6
3. 每天的客人超过 100 人——1 周总共有超过 700 人参与抽奖	3. 掷了 10 次——记录了 10 个点数
4. 1 周内开出一等奖的次数——5 次	4. 10 个点数的统计结果——1 点出现了 0 次
这里应该是 7 次才对！（樱田）	这个情况还可以理解！（樱田）

"你是说，如果 1 周之内每天都有 100 人抽奖，那就必然会产生 7 个一等奖，不然就是有问题咯?"

在一旁打盹的"天羽小姐"这会儿突然睁开了眼睛，看来她多少还是听了我们的对话的。

"唉，我还是弄个实际例子给你们看看算了。喂，逸子，把电脑拿过来。"

"好。"

01-06 模拟实验与直方图

"天羽小姐"使唤起人来毫无"客气"二字可言，但逸子小姐貌似并不介意。她微笑着从沙发上站起身，走进里面那间办公室，出来时两手抱着一台大号笔记本电脑。见我准备起身帮忙，逸子小姐使了个眼色示意"不要紧的"，随后径直走向"天羽小姐"，将电脑摆在她面前。

"看好，这是用电脑实际抽奖的结果。"

```
> choujiang <- c("未中奖","一等奖")
> sample(choujiang, 100, prob = c(99,1), replace = TRUE)
```

```
 [1] "未中奖" "未中奖" "未中奖" "未中奖" "未中奖" "未中奖" "未中奖" "未中奖" "未中奖" "未中奖"
[11] "未中奖" "未中奖" "未中奖" "未中奖" "未中奖" "未中奖" "未中奖" "未中奖" "未中奖" "未中奖"
[21] "未中奖" "未中奖" "一等奖" "未中奖" "未中奖" "未中奖" "未中奖" "未中奖" "未中奖" "未中奖"
[31] "未中奖" "未中奖" "未中奖" "未中奖" "未中奖" "未中奖" "未中奖" "未中奖" "未中奖" "未中奖"
[41] "未中奖" "未中奖" "未中奖" "未中奖" "未中奖" "未中奖" "未中奖" "未中奖" "未中奖" "未中奖"
[51] "未中奖" "未中奖" "未中奖" "未中奖" "未中奖" "未中奖" "未中奖" "未中奖" "未中奖" "未中奖"
[61] "未中奖" "未中奖" "未中奖" "未中奖" "未中奖" "未中奖" "未中奖" "未中奖" "未中奖" "未中奖"
[71] "未中奖" "未中奖" "未中奖" "未中奖" "未中奖" "未中奖" "未中奖" "未中奖" "未中奖" "未中奖"
[81] "未中奖" "未中奖" "未中奖" "未中奖" "未中奖" "未中奖" "未中奖" "未中奖" "未中奖" "未中奖"
[91] "未中奖" "未中奖" "未中奖" "未中奖" "未中奖" "未中奖" "未中奖" "未中奖" "未中奖" "未中奖"
```

"这……"

"这……"

我和樱田先生同时懵了。

"我设置了 99% 的'未中奖'和 1% 的'一等奖'，然后让电脑抽了

100 次。仔细数数结果，确实有 99 个没中奖，1 个中了奖。这跟 1% 的概率吻合对吧？但是，一等奖不会每次都出现 1 个。不信咱们再来一次。"

```
 [1] "未中奖" "未中奖" "未中奖" "未中奖" "未中奖" "未中奖" "未中奖" "未中奖" "未中奖" "未中奖"
[11] "未中奖" "未中奖" "未中奖" "未中奖" "未中奖" "未中奖" "未中奖" "未中奖" "未中奖" "未中奖"
[21] "未中奖" "未中奖" "未中奖" "未中奖" "未中奖" "未中奖" "未中奖" "未中奖" "未中奖" "未中奖"
[31] "未中奖" "未中奖" "未中奖" "未中奖" "未中奖" "未中奖" "未中奖" "未中奖" "未中奖" "未中奖"
[41] "未中奖" "未中奖" "未中奖" "未中奖" "未中奖" "未中奖" "未中奖" "未中奖" "未中奖" "未中奖"
[51] "未中奖" "未中奖" "未中奖" "未中奖" "未中奖" "未中奖" "未中奖" "未中奖" "未中奖" "未中奖"
[61] "未中奖" "未中奖" "未中奖" "未中奖" "未中奖" "未中奖" "未中奖" "未中奖" "未中奖" "未中奖"
[71] "未中奖" "未中奖" "未中奖" "未中奖" "未中奖" "未中奖" "未中奖" "未中奖" "未中奖" "未中奖"
[81] "未中奖" "未中奖" "未中奖" "未中奖" "未中奖" "未中奖" "未中奖" "未中奖" "未中奖" "未中奖"
[91] "未中奖" "一等奖" "未中奖" "未中奖" "未中奖" "一等奖" "未中奖" "未中奖" "未中奖" "未中奖"
```

"诶？这次出现了 2 个一等奖。"

"所以我不是给你们讲了吗？在骰子的例子中，每个面的出现概率毫无疑问是 1/6，但这不意味着掷 6 次骰子会每面各出现 1 次。如果电子式抽奖器设置的是抽 100 次固定有 1 次出一等奖，那么抽 700 次必然要出现 7 次，否则就是有问题。然而，如果设置的是有 1% 的**概率**出现一等奖，那就不一定是抽 100 次出现 1 次了。这跟掷骰子是一个道理，掷 6 次骰子，甚至掷 10 次骰子都有可能不出 1 点，懂了没？所以说，人家 1 周内每天抽 100 次奖，就算其中有几天没开出一等奖，也不能凭此就怀疑人家做了手脚。"

逸子小姐一边听"天羽小姐"的讲解，一边在白板上记录重点。

●逸子小姐整理的笔记：从"概率"角度分析抽奖与掷骰子

掷骰子　　　　　各个面出现的概率均为 1/6

　⇒但是，掷 6 次不一定每面各出现 1 次

电子式抽奖器　　开出一等奖的概率为 1%

　⇒但是，并不是抽 100 次必然出现 1 次一等奖

"天羽小姐"左手捏起饼干送到嘴里咔吧咔吧嚼着，右手继续操作电脑。不一会儿，她把饼干用嘴一衔，双手将电脑屏幕转向我们。

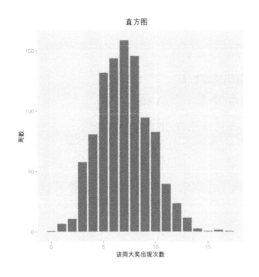

图 01-03
每周大奖出现次数的模拟
实验（⇒ Code01-01）

表 01-01　上图的频率分布表

一等奖的次数	0	1	2	3	4	5	6	7	8	9	10	11	12	13	14	15	16	17
周数	1	7	11	58	81	132	144	159	146	95	83	40	24	12	3	1	2	1

"这是啥？"

"直方图啊。"

"直方图？"

"直方图？"

我和樱田先生又一齐懵了。

"刚才，我不是用电脑模拟了 100 次 1% 中奖率的电子抽奖吗？把这个模拟重复 7 次，就相当于 1 周内每天抽 100 次奖了。比如周一开出 1 个一等奖，周二开出 0 个，周三 1 个，周四 2 个，周五 2 个，周六 0 个，周日 2 个，这样 1 周总计就是 8 个。不过当然了，电脑是在内存里模拟的抽奖，我们用眼睛不可能看到。"

我和樱田先生依旧不明所以。见状，逸子小姐微笑着擦干净白板，重新写了起来。

●逸子小姐整理的笔记：用电脑模拟抽奖

1. 设有一等奖中奖率为 1% 的抽奖活动　　　1/100
2. 每天有 100 个人抽这个奖　　　　　　　100
3. 1 周内每天都有 100 人抽奖　　　　　　100 × 7
4. 统计一等奖出现次数　　　　　　　　　? 次
5. 执行 1000 组（周）上述 1 到 4 的步骤　　出现 5 次一等奖的组数为多少？

"阿幸她呀，是把我在白板上写的这些用电脑执行了一遍。这手法叫作模拟。那家店的抽奖促销活动在 1 周内开出了 5 个一等奖，我们要拿它跟电脑模拟出来的结果做个比较。"

"也就是用电脑实际演示了每天有 100 人抽奖的情况？"

"没错。每天抽 100 次奖，总共持续 1 周。于是我们将 700 次抽奖视为 1 组，总共进行了 1000 组实验。相当于统计了 1000 周的抽奖结果。"

"1000 周？呃……1 年有 52 周。这么算的话，等同于近 20 年每天都在抽奖啊。"

"嗯，至于每周开出了几个一等奖，看这个图就明白了。这里的横轴代表出现一等奖的次数，纵轴代表周数。你看，图中有一些长方形对吧？其中最高的长方形位于横轴 7 的位置，意味着这些周内开出了 7 次一等奖。然后这个长方形的高度是 159，就是说在 1000 次试验中有 159 次是 1 周内开出了 7 个一等奖，即 1000 周内的 159 周都在 1 周内开出了 7 个一等奖。其他长方形也是一样，它们都代表了开出一等奖的次数，以及各次数出现的周数。这类图就叫作**直方图**。"

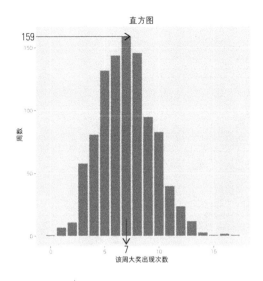

图 01-04
开出 7 次大奖的周

"直方图。"
"直方图。"

我和樱田先生真是越来越同步了。

"于是，直方图中横轴坐标为 5 的长方形的高度，就是开出 5 个一等奖的周数了。这里写的是 132。"
"呃，'天羽小姐'，话说这……是叫直方图来着吧？我看是能看懂了，但它和抽奖结果有什么关系啊?"
"我也是云里雾里的。"

樱田先生也仍旧一脸懵。

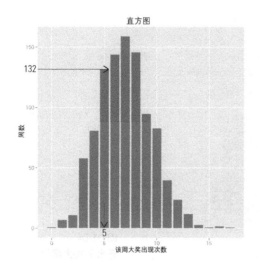

图 01-05
开出 5 次大奖的周

"按樱田先生说的，抽奖是 1% 的中奖率，每天有超过 100 人抽奖，1 周不该只开出 5 个一等奖，对吧？"

我和樱田先生一齐点了点头。

"我就是要拿这件事，跟刚才电脑模拟的抽奖结果作个对比。至于这个直方图，它显示了一等奖的中奖率为 1% 且每天有 100 人抽奖时，1 周内总共会中几次一等奖。直方图横坐标为 5 的长方形的高度，就是出现 5 次一等奖的周数。根据刚才电脑模拟的结果，总共出现了 132 周。换算成概率的话，用 132 除以 1000，也就是 13%。"

"就是说，您用电脑做了个实验，算出如果那家店连续实施 1000 周的抽奖，最终会得到这个结果？"

"没错，但前提是那家店宣传属实，也就是一等奖中奖率为 1%。"

01-07 直方图与概率

"从电脑模拟的结果来看，出现 5 次一等奖的周数占整体的 13%。您是要拿它来同理分析商业街那场实际的抽奖活动吗？"

"抽奖现场的情况咱们是看不到了，但总归都是电脑在内存里进行抽奖，本质是一样的。"

"那 13% 算小吗？"

"这个嘛，咱们看看直方图。在刚才这次模拟中，最左端一等奖为 0 的结果是 1，也就是只有 1 周是 1 次一等奖也没开出。然后开出 1 次一等奖的有 7 周，2 次的有 11 周。就是说，总共有 19 周一等奖不超过 2 次。换算成概率的话就是 19/1000，才 1.9%。这个概率就太小了。所以要是那家店 1 周中奖不超过 2 次，我也会怀疑其中有诈，但 1 周出 5 次一等奖的概率有 13% 呢。"

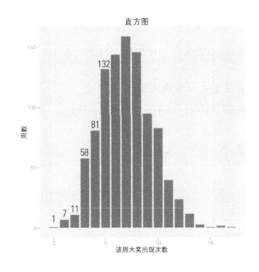

图 01-06
开出大奖不超过 5 次的周

13% 啊……1 周开出 5 次大奖的概率为 13%，这究竟算多还是算少，我也搞不清楚。恐怕，这要看人们对中奖抱有多少期待了吧？

"另外，如果一等奖只出现 5 次算有诈，那么只出现 4 次或者 3 次也都该算 '有诈' 对吧？既然要从概率角度分析是否有诈，那就应该把不足 5 次的情况全包含进去。只中 5 次奖是有诈，只中 4 次或 3 次奖反而算正常，那也太扯淡了。所以根据直方图，4 次的有 81 周，3 次的有 58 周，2 次的 11 周，1 次的 7 周，0 次的 1 周，全都加在一起总共 290

周。把它除以 1000 等于 29%。29% 是将近 1/3，这都快赶上猜拳获胜的概率了。所以说不能单凭 1 周内只开出 5 次一等奖就认定人家抽奖有诈。"

说罢，"天羽小姐"重新往沙发上一靠，视线从电脑屏幕移向我们。至于樱田先生，则是苦着脸一声不吭。看来这回挺窝火的。

"也就是说，开业促销这 1 周虽然只出了 5 个一等奖，但从概率角度讲算不上明显偏低咯？"

"就是这么回事。不过话说回来，这店主也是死脑筋，非要坚持 1% 的中奖率。倒不如搞点大方的'猫腻'，在后几天，哪怕是最后一天提高中奖率，比如 1/50 之类的，这样不是更好吗？"

我望着白板上逸子小姐总结出的表单，把思路整理了一番。

● **俵太整理的笔记：电脑模拟实验与商业街的抽奖**

1. 设有一等奖中奖率为 1% 的抽奖活动　　1/100
2. 每天有 100 个人抽这个奖　　　　　　　100
3. 1 周内每天都有 100 人抽奖　　　　　　100 × 7
4. 统计一等奖出现次数　　　　　　　　　? 次
5. 执行 1000 组上述 1 到 4 的步骤　　　　出现 5 次一等奖的组数为多少？
6. 一等奖出现了 5 次的组有 132 个　　　　即 1000 周中的 132 周
7. 加上不足 5 次的组总共有 290 组　　　　即 1000 周中的 290 周
8. 模拟中一等奖只出现 5 次属于正常现象
　实际抽奖中，即使 1 周内只出现 5 次一等奖也不能断定为有问题

大致就是这样吧？正当我双手抱臂琢磨的时候，一旁的"天羽小姐"端正了坐姿，微微转动身体，正面朝向了樱田先生。

"相较之下，我认为这种猜疑在商业街扩散一事更成问题。这家店主年纪不大，对吧？如此年纪轻轻就能开这么大的店，再加上开业促销的盛况，销售额也不会差。商业街的老店主们难免心生嫉妒，所以他们

看待这家店时会抱有偏见。樱田先生，你是商业街的会长，应该照顾到大伙儿的心情，身先士卒地把新店迎入商业街大家庭之中。"

樱田先生的表情眼看着严肃起来。忽然，他长长地叹了一口气，右手挠着后脑勺说道：

"唉，真是没辙。你刚才说的那些，我去转告给商业街的伙计们好了。"

说罢，他起身准备离开接待室，但走到一半又停了下来，还回过头指了指我。

"你们是要给新员工开欢迎会的吧？这小子挺有主见，我觉得有前途。他的欢迎会记得来我这开，给你们优惠。"

"啊……确实，不过得先让他熟悉熟悉工作。这样吧，先试用 1 个月，只要他开窍，我们就过去找你。"

"天羽小姐"端起逸子小姐刚刚添好的茶，"咝咝"地品着。樱田先生则留下一句"等着你们哟"，就转身离开了。

"樱田先生是开酒馆的哟。"

逸子小姐解释道。这么看来，"天羽小姐"虽然外表冷冰冰，但跟商业街的人们走得还是挺近的。

"但是，我刚听到 1 周只开出 5 个一等奖时，也怀疑店家搞鬼了啊？"

"樱田先生这个案子，关键要看数字是大还是小。但要记得，不能只盯着'1 周出了 5 个一等奖'里的数字看。我们必须考虑到其他的可能性，比如'1 周应该开出 7 个一等奖吗'或者'1 周 3 个太少了吗'等，总之就是要从整体出发看问题。刚才咱们用的直方图，就是俯瞰问题整体的一个好帮手。说得专业一点，这叫**研究它的分布**。"

"专业？什么专业？"

"数据分析。"

"这是在征信所工作的必备技术之一？"

"算是吧。"

"我学得会吗？"

"放心吧。我们会带你从零学起啦。"

对于逸子小姐的鼓励，我只能用笑脸回应。总而言之，我这回算是揣着满心的不安，正式步入社会了。

01-08 浅尝RStudio

在那之后，逸子小姐领着我办理了入职的各种手续。我所做的，就是按照要求在合同啊保险啊一大堆文件上签字。别看逸子小姐一副高中生模样，处理起事务来效率极高，三下五除二就把手续办完了。

至于"天羽小姐"，她从我开始办手续起就在沙发里躺着，鼾声半刻没停。我虽然初来乍到，但看得出征信所应该不是个忙死人的地方。无所事事的我问逸子小姐有没有什么能帮忙的，结果她只是笑了笑，没有回答。反正闲着也是无聊，我索性拜托逸子小姐教我一些业内必备的知识或技术，以便在这一行能混下去。逸子小姐歪头思索了一会儿说道：

"唔……那就学学这个吧。"

她拿手指着我桌上那台电脑。

"电脑吗？电脑方面我还是有些自信的。"

"电脑的操作当然是一方面啦。重点是要会用电脑里的软件。"

"Excel 之类的吗？"

"这个嘛……你在阿幸面前提 Excel 肯定挨揍。"

"阿幸是指'天羽小姐'？"

　　"嗯，阿幸的本名叫天羽幸，天堂的天，羽翼的羽，幸福的幸。"

　　"天堂羽翼，听着像天使一样。"

　　"没错。天使呀，像这样张开大大的羽翼，满载着幸福降临人间。这就是阿幸名字的含义。另外，这也是阿幸创办这家公司的理念——给人们带来幸福。俵太你要好好记住这点哦。"

　　"……!?"

　　天使？大大的羽翼？传递幸福？一大堆日常生活中百分百不会遇到的词堆在眼前，我的脑子瞬间宕机了。诶，不过，等一等……

　　"呃，你刚才说'阿幸创办的'？莫非这家公司的老板是天羽小姐？"

　　"对呀。阿幸是咱们公司的董事长兼总经理。"

　　诶？这么年轻就开公司？一串多余的问题冲到嘴边，又被我强行咽了回去。因为冥冥中感到后脊发凉，总觉得天羽小姐那凶猛的拳头会从某个角落飞过来。就算没有拳头，至少也是"不准想当然，不准用惯性思维和偏见判断事物"之类的一阵怒喝。然而当我看向天羽小姐时，却发现她正张大嘴打着哈欠，随后摆出一副不以为然的神情，继续前后摇着身子打盹。

　　我在自己的桌前落座。随后逸子小姐坐在自己的电脑椅上，像划船一样连人带椅一齐"划"到了我旁边。

　　"桌面上有个蓝色的图标对吧？那个蓝色圆形的，里面有个白色的字母 R。"

　　"啊，®吗？"

　　"双击它打开看看。"

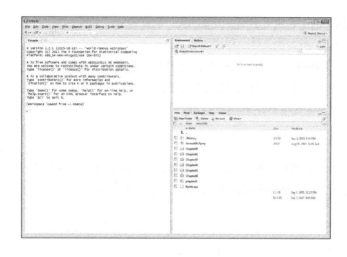

图 01-07
RStudio 的
启动画面

"这是什么？"

"RStudio。"

逸子小姐说了个我听不懂的英文单词。

"R……Studio？"

"嗯。说白了就是数据分析软件，这个懂吗？"

"呃，不懂。"

"那就把它想象成高端的电子计算器，能想象得到吗？"

"计算器？可上面没有数字键啊？"

"数字要自己输入。你看，现在窗口分左右两边，右边又分成了上下两部分。这一个个部分都称为**窗格**（pane）。左侧窗格是**控制台**（console），用来输入命令。现在咱们来试试。用半角在大于号 ' > ' 右侧输入这些东西……"

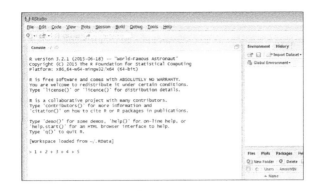

图 01-08
用 RStudio 进行
加法运算

"哇，不是吧？"

"就是这样啊。你在大学没学编程？"

"没。我是个纯文科生。"

听完我的回答，逸子小姐貌似偷偷叹了口气。

"话说这哪里有计算了？没看到答案啊。"

"这个加法运算的答案吗？按 Enter 键就有了。"

```
> 1 + 2 + 3 + 4 + 5
[1] 15
>
```

图 01-09
显示加法运算的答案

01-09　用RStudio求总和的方法

"原来如此，但我觉得计算器更方便些。"

"这个嘛……那好，我现在让你从 1 一直加到 1000，你要怎么算？"

"诶？这……是挺麻烦的。"

"1、2、3、…、999、1000 一个个去输入吗？这样不光耗时间，而且中间一个键按错就全完蛋了。"

"确实。"

"但用这软件一下就能搞定。只要在控制台的'>'右边这样写……"

```
> sum (1:1000)
```

```
[1] 500500
```

"喔，好厉害。这个 sum 是什么意思？"

"这个是英文，意思是总和。"

"啊，原来是这样。那 1:1000 又是什么？"

"':'是冒号。在这个软件里，1:1000 代表从 1 到 1000 的所有整数。你输入 1:1000 然后按 Enter 试一下。"

逸子小姐向侧边挪了挪椅子，把我的胳膊搡到电脑前。她身上散发出洗发水的甜甜香气，让我不禁有几分悸动。为了不让她注意到，我赶忙调整了心态，根据她的指示敲着键盘。

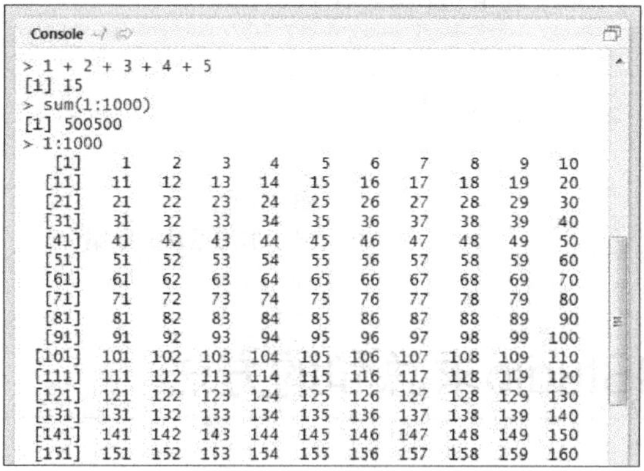

图 01-10
从 1 到 1000 的整数

"喔，原来如此。这个真方便。"

听到我的感叹，逸子小姐脸上露出了微笑，显得很开心。

"刚才这一串写命令、敲 Enter、获得结果的过程叫作**执行**，要记好别忘了哟。然后，趁这个机会把**函数**的概念也教给你好了。"

"呃，函数吗？"

"听你的口气，数学玩不转吧？"

"当然玩不转啊。话说，在征信所工作还得学好数学吗？"

"不要紧张。咱们的工作又不是让你去解高考题，所以用不到太艰深的数学知识啦。另外，复杂的计算全可以交给 RStudio 处理。这个软件里的函数，其实是指 sum 之类的东西。"

"呼……"

"你看，sum 函数后面有个圆括号对吧？只要在圆括号里指定了数字，函数就会对这些数字做适当处理，然后返回结果。"

"圆括号里面？就像刚才那个 1:1000 吗？"

"嗯。1:1000 是指 1 到 1000 的整数，所以 sum 函数会对 1 到 1000 的整数做适当处理。"

"适当处理？"

"还记得 sum 是什么意思吗？"

"总和。"

"对，说白了就是加法。"

"就是说，这里输入 sum(1:1000) 就相当于输入了 1 + 2 + 3 + … + 998 + 999 + 1000？"

"没错没错。俵太，你很有天赋嘛！"

被逸子小姐这么一表扬，我突然来了干劲。不过，征信所究竟要用这个软件做什么呢？

"这软件跟咱们的工作有什么关系啊？"

"这个嘛……要不要试试刚才阿幸讲过的模拟？"

"诶？等……等一下。"

我从包里掏出笔记本，将刚才学到的东西记了下来。

● **俵太整理的笔记：在 RStudio 中输入连续数值，计算总和**

| 1:10 | 连续的数（整数） | 执行后显示 1 2 3 4 5 6 7 8 9 10 |
| sum | 求总和（叫作函数） | 执行 sum(1:10) 后显示 55 |

"都这个时代了你居然还用笔记本。我都是用手机拍照然后发到云端保存的。"

"诶？可是照片不能用关键字搜索啊？"

"怎么不能？现在只要上传到云端的文件夹，云端就会自动进行文字识别，然后就可以搜索了哟。"

逸子小姐咯咯地笑着。

我直接听傻了。之前还自恃鼓捣 IT 机器有两把刷子，没想到会在这方面如此孤陋寡闻。话说回来，我上学时完全没有认真做笔记的习惯。这下可头疼了，现在只求逸子小姐别管我叫新时代文盲。

01-10 骰子的模拟实验

"好啦，现在我教你怎么做模拟。方便起见，咱们还是以骰子为例。也就是说，要用这软件掷骰子。"

"要把电脑掷出去吗？"

说着，我装模做样地将手伸向电脑。这本来是句玩笑话，结果逸子小姐瞬间就石化了，一张笑脸不停地抽搐。糟糕，这下玩大了……

"……抱歉。"

"你这人真逗。好啦，现在咱们用这软件掷骰子。像这样……"

逸子小姐探过身来，双手敲击着键盘。她那头秀发就在我眼前咫尺的距离，我的脸几乎能感觉到发丝的触碰。悸动之余，我不禁将上身微微后仰。

"骰子有 1 到 6 的整数对吧?"

"啊,对。"

"所以 RStudio 里要这么写。在控制台的'>'右边输入 1 和 6,用冒号隔开,然后按 Enter。"

```
> 1:6
```

```
[1] 1 2 3 4 5 6
```

"然后所谓掷骰子,就是从这 6 个数中取出 1 个。RStudio 用 sample 函数来实现这一效果。像这样……"

```
> sample (1:6, 1)
```

```
[1] 3
```

"诶?这是怎么来的?"

"这里的 sample 也是个函数,它的作用是'取出'。你看,后边圆括号里不是 1:6 吗,所以它会从 1 到 6 的整数中取出数字。"

"但 1:6 后面还有个被逗号隔开的 1 啊?"

"这个的意思是从 1 到 6 的整数中取出 1 个数。"

"它会取哪个数呢?"

"刚才取出的是 3。不过,在实际执行前没人知道会取出几。"

"诶?这样吗?那岂不是会乱套?"

"骰子想要几点就能掷出几点才会乱套吧?"

"这倒也是。"

"sample 函数取出对象是没有规律的,没人能预测到它会取出什么。这个称作**随机取出**。另外,用这种方法取出的数叫作**随机数**。俵太,你敲一下键盘右下那个画着向上箭头的方向键。"

"啊,电脑自动输入了 sample(1:6, 1)。"

　　"这软件会记住咱们之前输入的所有内容，用方向键就可以把它们选择出来。现在再按一次 Enter 试试。"

　　"啊，这次出来的是 6。"

　　"再多执行几次。"

　　"哇，每次结果都不一样呐。"

```
> sample (1:6, 1)
```

```
[1] 6
```

```
> sample (1:6, 1)
```

```
[1] 2
```

```
> sample (1:6, 1)
```

```
[1] 1
```

```
> sample(1:6, 1)
```

```
[1] 6
```

```
> sample(1:6, 1)
```

```
[1] 3
```

```
> sample(1:6, 1)
```

```
[1] 4
```

　　"是吧？所以呢，这就是对掷骰子的一种模拟。"

　　"这就是模拟啊。我还以为有多复杂呢。"

　　"然后你瞧，就像阿幸之前讲的，这里并不是 1 到 6 所有数字都有。"

　　"真的诶。我来看看……这里面没有 5。"

　　"再多试行几次 5 就该出来了。"

"试行？"

"测试运行。这也算是数据分析的术语之一啦，对于现在这个模拟来说就是掷骰子。"

"玩命按方向键和回车就行了吧？"

"行是行，但有个更方便的方法能一步搞定。"

```
> sample(1:6,100,replace=TRUE)
```

```
 [1] 4 5 2 4 6 5 1 3 1 3 5 1 5 3 5 4 4 5 4 2 1 6
[23] 5 4 1 4 2 6 1 2 1 2 5 6 5 4 3 6 1 1 6 3 1 4
[45] 3 4 2 1 1 4 4 1 2 5 4 6 5 1 5 6 4 1 6 5 1 5
[67] 6 3 2 2 2 4 5 5 4 5 5 1 3 1 5 6 4 6 4 5 4 5
[89] 6 5 1 1 1 6 4 2 6 4 4 3
```

"诶？完全没看懂！"

"这是掷了 100 次骰子，或者可以看作同时掷出了 100 个骰子。这俩是一回事啦。"

"把刚才的 1 改成了 100 这个我注意到了，但后面 replace=TRUE 是干什么的？"

"replace=TRUE 是指定**放回抽样**。"

"???"

看着我一脑袋问号，逸子小姐苦笑起来。

"消化不掉就明天再讲吧？"

"我没问题的，再把这点儿讲完吧。"

"这个放回抽样嘛，唔……我换个例子来说明吧。比如有个箱子装着红、绿、蓝 3 个球，现在从里面取出 1 个球，发现是红色。然后我不把红色球放回箱子，再从箱子里取出 1 个球，这个球会是什么颜色？"

"绿色或蓝色吧？"

"没错。这种情况下不可能再出现红球。但是，如果先把红球放回箱子，那就又有可能拿到红球了，对吧？将上一次试行中取出的东西放回原位再进行下一次试行，这就叫放回抽样。刚才阿幸给樱田先生模拟抽奖的时候用的是这个命令，还记得吗？"

```
> choujiang <- c("未中奖","一等奖")
> sample(choujiang,100,prob=c(99,1),replace=TRUE)
```

"有点印象……"

"这个命令的意思是模拟 100 次**未中奖**和**一等奖**的放回抽样。`prob=c(99,1)` 这里可能比较难理解，它的意思是未中奖与一等奖的比例为 99 比 1。prob 是 probability 的简写，意思是'概率'。"

"请……请慢一点。"

我再次打开了笔记本。

●俵太整理的笔记：用 RStudio 模拟

sample   随机取出数值的函数

  ⇒用 `sample(1:6,1)` 得到的效果与掷 1 次骰子相同

放回抽样   将上一次取出的数放回原位再进行下一次抽样

  ⇒ <u>`replace = TRUE`</u> 指定放回抽样

`sample(1:6, 10, replace = TRUE)`   执行示例

  ⇒<u>相当于掷 10 次骰子，或者 1 次掷出 10 个骰子</u>

逸子小姐凑了过来，像看奇珍异兽一样看着拼命记笔记的我。

"改天教教我怎么用手机拍照发到云端吧……"

01-11 用RStudio生成直方图

"笔记做好啦？那我继续讲。刚才咱们模拟了 100 次掷骰子，但结果罗列出一大堆数字，很难数清楚哪个面出现了几次。所以现在需要生成一个频率分布表。命令是这样……"

```
> table(sample(1:6,100,replace=TRUE))
```

```
 1  2  3  4  5  6
14 16 23 16 14 17
```

　　"这里的 table 也是函数，用来生成表。在它的圆括号里输入掷 100 次骰子的命令，它就会把每个面出现的次数统计出来，然后生成一个表。这种表叫作频率分布表。接下来是直方图，它的命令是这样……"

```
> hist(sample(1:6,10000,replace=TRUE),breaks=0:6)
```

　　"这个也好复杂……"
　　"那就稍微拆开来看一下。首先，这个是生成直方图的命令。"

```
hist(数据, breaks=0:6)
```

　　"我懂了，'数据'这个地方放的是刚才做模拟的命令。啊，不对，之前是 100 次，但这里是 hist(sample(1:6, 10000, replace=TRUE), breaks=0:6)，变成 10 000 次了!!"
　　"执行到上万次的话，每个面的出现次数就差不太多了。连续掷 10 000 次骰子人肯定坚持不住，但电脑不一样，它们会乖乖地执行命令。"
　　"原来如此，电脑就是好用。话说我还有一点不明白，就是后面被逗号隔开的 breaks=0:6 那部分。"
　　"它用来设置横轴的坐标，意思是根据数据生成直方图时，横轴的坐标为 0 到 6。"

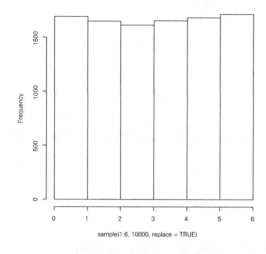

图 01-11
模拟掷 10 000 次骰子
的直方图

"记住了！另外，这直方图里各个长方形的高度都有那么一点儿差别，是说各个面出现的次数不一样吗？"

"对。虽然骰子上的各个面出现的概率都是 1/6，但这毕竟只是理论，实际掷骰子时各个面的出现次数还是会稍有差别。不过，只要不断增加掷骰子的次数，我们就会看到这些长方形的高度逐渐趋于统一。对了，再教你个稍微难一点的吧？"

"求别太难。"

"这个你不做笔记啦？"

逸子小姐半开玩笑地说道。

"啊，我给忘了……"

于是我又一次翻开笔记本。

● 俵太整理的笔记：用 RStudio 画直方图

直方图 将数据按区间分割，以长方形的高度表达数据个数的图

⇒与棒状图不同，横轴的排列是有意义的

table 生成频率分布表的函数

hist 生成直方图的函数

⇒用 break = 0:6 指定区间（这个代表以 0 到 6 的整数分割横轴）

hist(sample(1:6, 10000, replace = TRUE), break = 0:6) 执行示例

⇒将掷 10 000 次骰子的结果制成直方图

01-12 平均值·期望值

"好啦，从现在起要有些难咯。骰子的**平均值**，这个懂吗？"

"诶？平均值我懂，但骰子的平均值是什么意思啊？"

"也不是很复杂啦。比如掷了 10 次，就是把点数总和除以 10，掷了 100 次就是把总和除以 100，1000 次就是除以 1000。"

"那是多少？"

"你觉得会是多少？或者说，它最有期望是多少？"

"期望？这说法好怪啊。"

"嗯。说得再复杂一点，就是重复多次掷骰子时，所得点数的最有期望的平均值。"

"唔……3 左右吧？"

"这个要计算总和然后做除法，所以答案不一定是整数哟。这样吧，咱们换个情境来讲。现在假设有个赌局，骰子掷出几点就能拿到几万日元。"

"这假设来得好突然。就是说掷出 6 就能拿到 60 000 咯？"

"上来就想到最大的 6 啦？"

逸子小姐咯咯地笑着。

"当然，如果掷出 1，那就只能拿到 10 000。怎么样俵太，敢掏 30 000 日元跟我赌这个吗？"

"30 000 啊……唔，感觉有点怕。"

"教你个办法吧。这种时候，先算清楚掷 1 次骰子平均能拿多

少，或者平均会赔多少，拿的高于赌注就接受。也就是说，要知道这个赌局中掷 1 次骰子最有期望赚多少钱。这个值叫作**期望值**，基本等同于平均值。"

"原来如此。但是，平均值不是先要有几个数，然后再把它们加在一起除开吗？这种情况下应该拿什么加啊？"

"这个嘛……那这样，咱们先拿电脑算算看。"

"听着就好难。"

"不啊，要做的事跟刚才一样。"

"诶？"

"这里这里，把这里改一下就可以啦。"

```
sample(1:6, 100, replace = TRUE)
```

"这是要模拟掷 100 次骰子吧？"

"没错。这条命令执行后会随机输出 100 个 1 到 6 的整数，之后只要求出平均值就行。我给你演示一下。"

```
> mean(sample (1:6, 100, replace = TRUE))

[1] 3.55
```

"mean 是用来求平均值的函数。"

"把刚才模拟掷 100 次骰子的命令整个放进圆括号就行了吗？"

"没错没错。然后咱们多执行几次。"

```
> mean(sample (1:6, 100, replace = TRUE))

[1] 3.58
```

```
> mean(sample (1:6, 100, replace = TRUE))

[1] 3.65
```

```
> mean(sample (1:6, 100, replace = TRUE))
```

```
[1] 3.45
```

```
> mean(sample (1:6, 100, replace = TRUE))
```

```
[1] 3.39
```

"唔，每次得出的数都有那么一点儿差别啊。"

"现在咱们让它重复 100 000 次看看结果。"

逸子小姐面向屏幕安静地敲着代码。不一会儿，她微笑着抬起头，将屏幕转向我。

"这是直方图啊。"

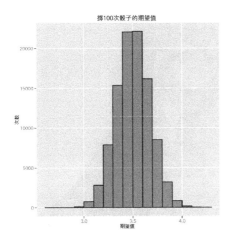

图 01-12
骰子期望值的分布（R 语言模拟，⇒ Code01-02）

"会看吗?"

"呃，各个长方形代表了平均值，纵轴是出现的次数对吧? 长方形的宽度我搞不太懂。"

"这里设置的间隔是 0.1。比方说正中间这 2 个最高的长方形，它们分别对应 3.4～3.5 和 3.5～3.6 的范围。"

"3.5～3.6 的长方形最高啊。"

"顺便，骰子每个面出现的概率都是固定的 1/6，所以能免去模拟这一步，直接计算理论上的期望值。"

"理论上的……"

"嗯，就是这个算式。"

$$1 \times \frac{1}{6} + 2 \times \frac{1}{6} + 3 \times \frac{1}{6} + 4 \times \frac{1}{6} + 5 \times \frac{1}{6} + 6 \times \frac{1}{6} = 3.5$$

"就是把骰子每个面的点数乘以 1/6 再求和啊。"

"没错，这个求出来的就是期望值。所以骰子的期望值是 3.5。它意味着这个赌局平均每次能拿到 35 000 日元。怎么样，赌还是不赌？"

"也就是说，期望是 35 000 日元，比一开始要付给你的 30 000 还多出 5000……赌了！"

"瞧你这赌徒样。换成我肯定不会赌哟。"

"诶？但这花 30 000 能赚回 35 000 啊？"

"所以说嘛，这个只是期望值，实际赌的时候还是难免出现 1 的。万一出现 1 点，那可就是拿 30 000 换 10 000 了。"

"啊，原来是这样！说得也对，我还是不赌了。"

"是吗，好可惜。行啦，赶快记笔记!!"

逸子小姐摆出一副鸭子到嘴又飞了的表情。随后晴雨一转，又窃窃地笑了起来，仿佛恶作剧成功了一般。

●**俵太整理的笔记：用 RStudio 求期望值（平均值）**

期望值（骰子）　各面点数乘以出现概率（骰子各点数的概率均为 1/6）
　　　　　　　　再求和，即平均值

```
mean(sample(1:6, 100, replace=TRUE))
```
　　　求骰子期望值的执
　　　行示例

电脑模拟的结果与理论值不一定完全一致

天羽总经理的统计学指南

●概率的概念

对于（没做过手脚的）骰子而言，1 点的出现概率为 1/6，但这并不意味着"掷 6 次骰子必然出现 1 次 1 点"。100 个签里有 1 个签是大奖的抽奖也是同理，虽然中奖概率是 1%，但抽 700 次不一定会出现 7 次大奖。

●频率分布表

统计与某数值一致的数据的个数，或者属于某数值范围内的数据的个数，然后将这些统计值制成一览表，这就是频率分布表。比如对某初中的初三女生测量身高，"大于等于 140 厘米且不足 150 厘米"的学生有 25 人，"大于等于 150 厘米且不足 160 厘米"的学生有 33 人，"大于等于 160 厘米且不足 170 厘米"的学生有 21 人，将上述统计值制成表就是频率分布表。数据的具体数值（人数或个数）被称为**频率**或**频数**。

身高（cm）	140~150	150~160	160~170
人数	25	33	21

●直方图

直方图是图形化的频率分布表。各个长方形的宽对应数据的范围，高对应该范围内的数据的个数（频率）。它在分析数据分布时能起到重要作用。

●研究它的分布

以初三女生的身高为例，我们从频率分布表或直方图上可以看到，平均值所在范围的频率是最高的（在直方图中显示为对应的长方形最高）。相对地，身高不足 130 厘米和大于等于 170 厘米的学生都很少。如果将数据划分为若干个范围，那么数据在各个范围内的散布情况就被称为**分布**。就大部分数据（身高、体重、考试分数等）而言，平均值所在范围的频率最高，与平均值相差极大的范围则频率较低。

●平均值（期望值）

用总和除以数量就是平均值，这个人尽皆知。但举个例子，掷 10 次骰子的点数总和除以 10 所得的平均值就不会每次都一样。然而，如果把掷骰子的次数从 10 次增加到 100、1000、10 000 次，这个平均值就会越来越接近某一特定数值。这个特定数值就被称为期望值。计算骰子的期望值时，可以把各个面的点数乘以概率，然后求总和。

本章出现的 ℛ 代码

● 1 ~ 6 的整数

输入 1:6 按 Enter，结果会显示 1～6 的整数。

```
> 1:6
```

```
[1] 1 2 3 4 5 6
```

● sum 函数

按如下格式输入并按 Enter，结果将显示 1～1000 的整数之和
（ 1 + 2 + 3 + … + 998 + 999 + 1000 ）。

```
> sum (1:1000)
```

```
[1] 500500
```

●指定数据

将"抽奖箱"（数据）命名为 choujiang，里面装入"未中奖"和
"一等奖"。

```
> choujiang <- c("未中奖","一等奖")
```

● sample 函数

这是用 RStudio 模拟掷骰子时使用的函数。该函数会随机取出
数据，所以每次执行结果都不一定相同。

```
> sample(1:6,1)
```

```
[1] 3
```

　　想一次性执行 100 次该模拟时，可以按照下述格式书写。需要
用 replace=TRUE 指定放回抽样（同样的数可以出现任意多
次）这个条件。

```
> sample(1:6,100,replace=TRUE)
```

```
[1]  4 5 2 4 6 5 1 3 1 3 5 1 5 3 5 4 4 5 4 2 1 6
[23] 5 4 1 4 2 6 1 2 1 2 5 6 5 4 3 6 1 1 6 3 1 4
[45] 3 4 2 1 1 4 4 1 2 5 4 6 5 1 5 6 4 1 6 5 1 5
[67] 6 3 2 2 2 4 5 5 4 5 5 1 3 1 5 6 4 6 4 5 4 5
[89] 6 5 1 1 1 6 4 2 6 4 4 3
```

● hist 函数

　　这是用来绘制直方图的函数。breaks=0:6 用于设置横轴
跨度。

```
> hist(sample(1:6,10000,replace=TRUE),breaks=0:6)
```

结果

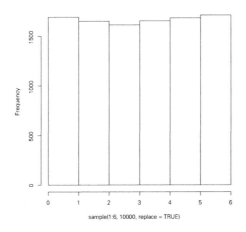

● mean 函数

这是用来求平均值的函数。下面的例子求的是掷 100 次骰子时出现的点数的平均值。

```
> mean(sample(1:6,100,replace=TRUE))
```

```
[1] 3.55
```

● Code01-01（P.25）

这里要将 1 周内每天抽 100 次这一抽奖活动模拟 1000 周，然后用各周开出一等奖的次数绘制直方图。下面我们会用到 replicate 函数，它的作用是将一个命令重复执行指定次数。

格式：replicate（次数，命令）

现在是要每天抽 100 次奖，重复 7 天，然后统计一等奖出现的次数。我们写一条命令让上述过程重复执行 1000 次。

格式：replicate(1000, sum(replicate(7, 抽 100 次奖时出现一等奖的次数)))

下例是实际的命令。请注意，这个命令中使用了随机数，所以每次执行结果会稍有不同。

```
> # R语言会忽略井号（#）右侧的命令。我们可以利用这一性质，将笔记或注释写在#右侧
> choujiang <- c("未中奖","一等奖")
> res <- replicate(1000, sum(replicate (7, sample (choujiang, 100, prob
= c(99,1), replace = TRUE ) ) == "一等奖"))
> # 简单的直方图
> hist(res, breaks = 0:18)
> #  如果想生成更精致的图，需要安装制图软件包ggplot2（需要网络）
> install.packages("ggplot2")
> library(ggplot2) # 使用前需要先加载
> # 对抽奖数据稍作加工，以便用ggplot2程序包绘图
> resD <- as.data.frame(table(res))
> # 实际绘图
> ggplot(resD, aes(y = Freq, x = res)) +  geom_histogram(binwidth
```

```
= 1, stat="identity", fill = "steelblue") + xlab("该周大奖出现次数") +
ylab ("周数") + ggtitle("直方图")
```

● Code01-02（P.47）

从 1 到 6 的整数中取出 1 个，重复 100 次求平均值。现在将上述过程执行 100 000 次！

```
> # 这里也要用到循环执行命令的replicate函数
> res <- replicate(100000, mean (sample(1:6, 100, replace = TRUE)))
> # 简单的直方图
> hist(res)
> # 生成更精致的图
> library(ggplot2)
> # 略微修改掷骰子的结果数据，便于绘图
> dice <- data.frame(骰子 = res)
> # 实际绘图
> ggplot(dice, aes (x = 骰子)) + geom_histogram(binwidth = .1,
 fill = "steelblue", colour="black", alpha = 0.5) + xlab("期望值")
+ ylab ("次数") + ggtitle("掷100次骰子后的期望值")
```

从白胡子老师的牢骚
中拯救祖传面包店

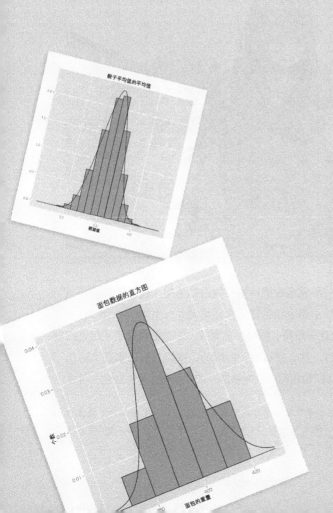

02-01　RStudio基础练习

　　矮堤之上，一排樱树已是花朵散尽，换上了嫩芽点缀成的鲜绿外衣。算起来，从我入职到今天也足足一周了。然而在全民赏樱的气氛里，这七天过得如眨眼一般。其实刚进公司第二天，这里就赶上了多年不遇的樱花盛放，于是公司三人一同去了附近的赏樱名地凑了个热闹。

　　那天，逸子小姐一早就泡在接待室左侧的凹室里。这块区域被公司用作厨房，并且由逸子小姐全权管理，算是整间办公室唯一一处"自治区"。这片小天地的设计、布局、陈列、色调等一切全都由逸子小姐自己做主。我曾进去参观过一次，穿过帘子的瞬间，我以为自己来到了丽佳娃娃[①]的家。整个空间以粉色和白色为基调，采用红色作为主题色，可爱

---

① 丽佳娃娃（Licca-chan）是日本知名玩具厂商 TAKARA TOMY 出品的可换装娃娃，和芭比娃娃类似，但定义为五年级小学生，身长约 21～23 cm，是日本市场上销量第一的玩具娃娃。——译者注

得一塌糊涂，真不愧是专属于逸子小姐的世界。分隔厨房与接待室的帘子也是两层，从接待室看是雅致的灰褐色，从里面（两边都该算正面吧）看则是点缀着大小各异红白圆点的渐变粉。时针转过 12 点的位置时，逸子小姐终于从厨房走了出来，怀里抱着一个看上去很高档的（后来才知道是轮岛漆①样式的）三层野餐篮。打开盖子，只见里面塞满了炸牛排、寿司卷、煎蛋卷等各式美味，而且形色俱佳，让人未饱口福就先饱了眼福。

　　漫天花雨中，我端起小碟子，尽情享受着逸子小姐分发的美食，心里如同做梦一般美得飘飘然。但与此同时，也于冥冥中感到一丝不安。随着时间的推移，这份不安渐渐强烈起来。要知道，从入职以来到今时今日，公司还没让我做过一件像样的工作。我这一周以来的工作无非就是给逸子小姐帮帮忙，一起打扫打扫办公室、接待室、洗手间乃至厕所，要么就是跟逸子小姐跑跑腿，去商业街或邻镇买买东西……总之全是一些杂务。唯一有意义的，就是在我老老实实忙完这些杂七杂八的事情之后，跟着逸子小姐学电脑。

　　准确地说并不是学电脑，而是学习怎么用电脑里安装的 RStudio 软件。这款软件好像是用来做数据分析的，然而我从出生到大学毕业压根就没见过也没听说过它。至于对它的第一印象，感觉也就是个超高性能的电子计算器……只不过非常地难用罢了。

　　要知道，这款软件必须敲键盘输入命令，不能用鼠标操作。比如计算 $1+2$、$2 \times 3 \times 4$、$8 \div 4 \div 2$ 的时候就必须用键盘输入这些东西……

图 02-01
RStudio 的四则运算

　　单从这一点上看它还不如计算器来得方便，然而 RStudio 这款软件也有其独到的便捷功能。比如可以用冒号简洁地表达 1 到 10 的整数。

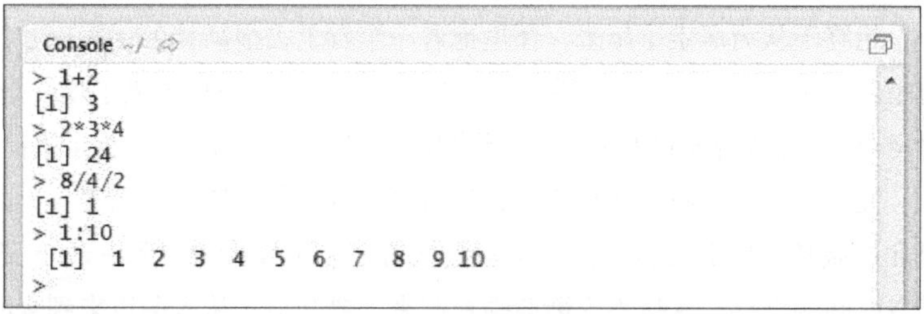

```
Console ~/ ⬦
> 1+2
[1] 3
> 2*3*4
[1] 24
> 8/4/2
[1] 1
> 1:10
 [1]  1  2  3  4  5  6  7  8  9 10
>
```

图 02-02
1 到 10 的所有整数组

　　然后我还学会了一个词叫"函数"。比如 sum 就是计算总和的函数。一般情况下，函数后面都跟着圆括号，也就是 sum() 这个样子。只要把刚才提到的 1:10 放到圆括号里再按 Enter，函数就会输出 1 到 10 的整数的总和，即 55。

```
> sum(1:10)
```

```
[1] 55
```

　　除了 sum 之外，还有很多其他的函数，比如求平均值的 mean 函数。

```
> mean(1:10)
```

```
[1] 5.5
```

　　这个是求 1 到 10 的整数的平均值。

　　"什么嘛，才学到这儿啊?"

　　右边传来一个低沉沙哑的噪音。我回过头，见天羽小姐右手叉腰，正向前弓着身子盯着电脑屏幕。

"我可是刚学，这已经进步不少了，您嘴里就留点情吧。话说回来，RStudio 这软件还真是厉害。"

"厉害的不是 RStudio，是 R。"

"啥?"

"你现在用的这个是 RStudio 没错，但电脑里还另外安装了一个叫 R 的软件。处理数据和绘制图表的工作其实都是它完成的。RStudio 说白了只是一个用来简化 R 的操作的软件，它在后台替我们完成 R 的操作。"

接着，天羽小姐在我肩膀上一拍，嗓音压低八度说道：

"这边先放下吧，该干活了。有客人来了。"

说完便转身走进了接待室。我也赶忙跟了过去。

02-02　面包店老店主的烦恼

客人是一位六十来岁的男性。虽然没系领带，但白色衬衫与藏蓝色裤子足以说明他的老实淳朴。见我进屋，他并没有起身，只是坐着稍微点了个头。我回了一句"您好"，等天羽小姐落座之后，便在她旁边的位置坐了下来。

"这位是麦田勤先生，他儿子在商业街经营面包店。麦田先生是那家店的前任店主。老店主，这小子是我们公司的新员工，让他在这儿听听你不介意吧?"

麦田先生跟我寒暄几句之后便进入了正题。委托内容是要我们去调查他儿子开的店。半年前，麦田先生退居二线，将面包店的经营全权交给儿子负责。过了不久，面包店的口碑开始下滑。原因貌似是一些流言，说卖的面包比老店主经营时的轻了。

"你把店交给京介打理前不是有好好教过他嘛?"

估计京介就是老店主儿子的名字了。听这语气，天羽小姐跟老店主的儿子应该挺熟。

"当然教过，那小子的手艺确实还有需要长进的地方，这我承认，但他肯定不会搞错面包的分量。"
"你现在已经彻底不管店里的事了吧？"
"嗯。店里我连去都不去了，怕给他们夫妇俩添压力。做面包方面我要求他们严格按照我的秘方来，但服务待客方面就随他们了。"

天羽小姐沉思了一会儿，照例把逸子小姐叫到身边。

"逸子，去金麦面包房买个 1 斤 ^① 的面包回来。"
"诶？可是阿幸，你不是只吃米饭的吗？"
"我又不是要吃，只是有点儿东西想查清楚。不好意思啊麦田先生，我只吃米饭的。"

麦田先生一脸苦笑。商业街离这里很近，估计逸子小姐一个来回也就 10 分钟左右。趁着等人，麦田先生给我们讲了讲他经营面包店时的故事。意外的是，这些故事非但不无聊，而且从话语间能听出麦田先生长年以来在做面包上倾注了无数心血，着实叫人钦佩。另外，他至今仍记得店里每一种面包的材料配比以及做法，充分证明了他为人一丝不苟的态度。在他看来，正因为对材料和做法有着足够的坚持，才能让自家店成长为商业街有名的面包房。

没过多久，逸子小姐拎着白色塑料袋回来了。她从里面掏出一个透明包装的面包放在了桌上。面包表皮火候绝妙，泛着淡淡的茶色，光是看看就知道好吃。天羽小姐拿起面包，麻利地扯开包装袋口，将面包直接摆在了桌子上。一股西点刚出炉的香味在接待室弥漫开来，我的肚子

---

① 在日本，"斤"常用来表示面包的重量。但这里的"1 斤"并不等于中国的 500克。根据日本面包公平交易协会规定，1 斤面包的重量不得低于 340 克。当 1 份面包的重量超过 340 克时，就可以用 1 斤来表示，相应地，当 1 份面包的重量超过 510 克时，一般表示为 1.5 斤，以此类推。一般来说，1 斤面包的重量一般是350 克～400 克。——译者注

不争气地发出了"咕咕"声。见到我的反应，麦田先生乐开了花。

"喂，逸子，先称称重量。"

逸子小姐从屏风后拿出个银光闪闪的东西，看起来像是某种高级计量器具，显然和一般家庭用的那种红色或白色的塑料秤不在一个档次上。

"唔，有 403 克。"

"算了，一个面包也说明不了什么问题……老店主，这面包在你看来有什么不对的吗?"

在天羽小姐的询问下，麦田先生拿起面包。

"没有。重量和手感都没问题……介意我尝一尝吗?"

天羽小姐用眼神示意"请吧"，于是麦田先生撕下面包一角放进嘴里。

"味道也是老味道。"

麦田先生眼角露出悦色，仔细品着儿子烤的面包。

"话说，到底是哪个混球四处造谣说面包小了?"
"那人也算我家的老主顾了，我是真不愿意指名道姓……"
"嗯?"
"是个白胡子的老师。"
"啊，修道学院的前任校长啊。"

说着，天羽小姐纠结地双手抱住头，扑通一声靠在沙发上。

02-03　拜访白胡子老师

麦田先生离开之后，我和逸子小姐奉命先去白胡子老师家拜访一下。白胡子老师独自一人住在商业街后面的生活区。

"这位白胡子老师呀，曾经是市内某所名门私立高中的校长哟。"

"哇，听着就是个很严格的人。"

"嗯。可以用严格、墨守成规、顽固、专横来形容，但他人不坏哦。"

"呃，罗列出这么一大堆缺点来，谁敢信他人不坏啊？"

逸子小姐咯咯地笑了起来。忽然她停下脚步，表示"我们到了"。这是一栋独门独院的纯日式建筑，单是外门就气势不凡。拉开木质拉门，有条白色碎石块铺成的小道一直延伸到房屋玄关。石块形状扁平，排列匀称美观。我们走在这些石块——后来才知道叫"踏脚石"——上，不由得感受到一股庄严的气氛。来到玄关，逸子小姐按响了门铃。大大的木质门牌上写着"二阶堂"。只看这个建筑似乎就能感受到主人的严格。

等待片刻，一位偏瘦、身着和服的老人打开房门。老人目光犀利，一捧白须垂在胸前，让人不禁想起战国武将。这会儿的我已经想夹着尾巴开溜了。反观逸子小姐，她貌似和白胡子老师很熟，不但开朗地打了招呼，还顺便介绍了我。然而白胡子老师只是瞥了我一眼，连笑都没笑一下，随即转身招呼逸子小姐进屋。我们被带到起居室，这房间很是敞亮，地上铺着榻榻米，一张矮桌摆在房间正中。白胡子老师安排我们在矮桌旁落座后，又转身不知去了哪里。看看逸子小姐，她一如既往地脸上挂着笑容，而我已经紧张得满身冷汗了。突然我感觉背后有人，回头一看，原来是白胡子老师。他手捧茶杯送到我们面前，随后自己背朝壁龛席地正坐，双手收在袖子里。

"阿幸最近还好吧？"

"嗯，她最近挺好的。还让我们给您带个好。"

白胡子老师满意地点了点头。

"那么，今天找我有什么事？"

"其实我们这次来是为了面包店的事。"

"唔，你们也听说了啊。他家真是太不像话了。"

"就是呢。今天我们来叨扰，是想问您几个跟这件事有关的问题。详细内容就让我们的新员工来跟您说一下吧。"

听到逸子小姐突然把锅丢过来，我吓得脸都绿了。再看逸子小姐，她正淡定地品着茶，一副事不关己的样子。至于白胡子老师，他这会儿正默不作声地瞪着我。看来不说点什么是不行了……

"嗯……是这样，听说最近有很多人说面包店的面包变小了，这流言是老师您传出去的吧？"

来这里的路上，我和逸子小姐一直在讨论如何委婉和气地跟老师谈一谈，结果开口第一个问题竟然问得这么直接。旁边的逸子小姐险些把口中的茶喷出来。

"没错，因为是事实。"

"既然您说是事实，那您是用什么方法验证的呢？"

"我称过了。老店主儿子接管店面之后，那家店的服务就不怎么样了。后来感觉连面包都不如以前大了。所以我每次买来面包都会称一下，结果 30 个里有一大半都不够 400 克。400 克可是他家多年以来一直宣称的重量。"

"您总共称了多少个？"

"30 个。"

"但是，他家是手工面包，不可能每个都正好 400 克吧？"

"怎么，你亲手做过面包？"

白胡子老师的眼神中带着苛责。他无视了一旁的逸子小姐，把矛头全都指向我一个人。

"我连平均值都算过了。你等一等。"

说完，白胡子老师起身离开了房间。趁这个空当我赶忙深吸几口气，好让自己紧张的心平复下来。逸子小姐则依旧脸上挂着笑，泰然自若。

"貌似咱们处于下风啊。逸子小姐你别笑了，赶紧帮帮我吧。"
"别急啦，总之这个锅你就先背着吧。"

这时白胡子老师回来了，他坐回矮桌旁，把一个笔记本摆到我面前。

"这里记录了之前那些面包的重量。买面包的日期也都写在旁边了。"

表 02-01　面包重量的记录（breads.csv）

1/7	1/9	1/10	1/12	1/14	1/16	1/18	1/20	1/22	1/25
386.7	396.7	409.8	384.5	394.3	396.2	401.6	392.8	413.5	393.7
2/3	2/5	2/7	2/11	2/14	2/16	2/18	2/22	2/24	2/26
398.9	404.1	391.3	385.3	411.6	373.5	403.2	395.3	404.4	399.0
3/3	3/5	3/7	3/11	3/14	3/18	3/22	3/25	3/27	3/29
414.4	383.8	409.8	413.2	395	372.2	399.4	389.5	402.4	397.7

"这些面包平均下来是 397 克。这还不算少？"
"呃，这个可不好说……唔……"

我刚要开口反驳，一旁的逸子小姐伸过手来堵住了我的嘴。

"貌似是有点少呢。老师，这个笔记本可以先借我们用用吗？我们想回去跟天羽总经理再仔细验证一下。"
"既然川崎小姐开口了，那就拿去吧。"

白胡子老师把笔记本递到逸子小姐面前，逸子小姐伸出双手，恭恭敬敬地接了下来。

02-04 以数据服人

我前脚踏出白胡子老师的家门，后脚便向逸子小姐发起了牢骚。

"这也太过分了吧？"
"过分？你是说白胡子老师的判断？"
"他那判断确实挺过分，但我是说你堵我嘴的事。"
"唔……那你当时打算怎么反驳？"
"麦田先生都说没问题了，是老师您误会了。"
"你要是说了这个，白胡子老师非但不会相信，还会觉得咱们跟麦田先生是一伙儿的，反而是火上浇油。"
"老人家真是难对付。"
"白胡子老师虽然上了年纪，但再怎么说当年也是个校长，所以只要咱们把道理说通，他还是会听的。他没你想象得那么固执啦。"
"噢，借笔记本就是为了这个啊。"
"没错，咱们要用数据说服他。"

逸子小姐说着，还俏皮地挤了挤眼。

回到公司，天羽小姐一如既往地打着盹。逸子小姐将她摇醒，展开笔记本放到她面前，然后把跟白胡子老师的对话简述了一遍。天羽小姐哈欠连天地听完全程后说了一句。

"白胡子老头还挺有毅力啊。嗨，他这也是闲的了。"
"就是因为闲着没事干，才会去瞎琢磨一些东西吧。"

我话刚出口，就被天羽小姐狠狠地瞪了。

"是不是瞎琢磨还不一定吧？"
"诶？可是麦田先生自己都说面包没问题了啊……"

"我不是怀疑麦田先生在做面包上的经验和直觉，但他作为一个父亲，难免对自己的儿子过高评价。再说了，现在还不能断定京介在做面包的过程中没有出现疏漏。庆幸的是，白胡子老头帮咱们保留了数据，有了它们事情就好办了。对付这种问题还是要用传统办法，检查平均值的差。"

"检查平均值的差？"

又冒出一个听着就很复杂的话题。我正等着听下文，却发现天羽小姐和逸子小姐都坐在沙发上细细地品着茶，谁也没有要动的意思。

"呃，我说二位，你们为啥这么冷静，不用分析数据了吗？"

"说什么傻话呢，这可是你的活儿。先把笔记本上的数据输入电脑。"

"啊？"

02-05 从输入数据做起

我把办公室的电脑搬到接待室，在桌上摊开白胡子老师的笔记本，刚抬手准备敲键盘，突然意识到一个问题，不得不停下手来。

"那个……RStudio 这软件怎么输入数据啊？"

逸子小姐"咳咳"地轻咳了几声，貌似是被茶水呛到了。

"你先拿制表软件输入。"

天羽小姐说话时瞟都没瞟我一眼，看来心情相当糟糕。不过，既然上司有令，做下属的也只能照办。我打开天羽小姐深恶痛绝的 Excel 开始敲键盘。日期和重量各 30 个，说少也不能算少，好在我对电脑比较熟悉，盲打都没问题，所以一会儿工夫就搞定了。

"好了。"

我得意地将屏幕转向她们俩，结果这次换天羽小姐呛了口茶水。

	A	B	C	D	E	F	G	H	I	J	K
1	日期	2015/1/7	2015/1/9	2015/1/10	2015/1/12	2015/1/14	2015/1/16	2015/1/18	2015/1/20	2015/1/22	2015/1/25
2	重量	386.7	396.7	409.8	384.5	394.3	396.2	401.6	392.8	413.5	393.7
3	日期	2015/2/3	2015/2/5	2015/2/7	2015/2/11	2015/2/14	2015/2/16	2015/2/22	2015/2/24	2015/2/26	
4	重量	398.9	404.1	391.3	385.3	411.6	373.5	403.2	395.3	404.4	399
5	日期	2015/3/3	2015/3/5	2015/3/7	2015/3/11	2105/3/14	2015/3/18	2015/3/22	2015/3/25	2015/3/27	2015/3/29
6	重量	414.4	383.8	409.8	413.2	395	372.2	399.4	389.5	402.4	397.7

图 02-03
俵太输入的数据

"喂，这是啥？"

"啊？"

"我说你啊，数据这东西要按矩形输入。懂吗？矩形！"

"矩形？"

"数据的每个观测对象要各占一行，测定的变量要排成一列。"

"观……观测对象？变量？"

"唉，这都不懂吗……喂，逸子。"

"好的好的。那我简单说一下。"

逸子小姐把电脑拉到自己面前，将屏幕转过来对着我。

"记好哦，如果一个文件只有自己用，那随便怎么输入都可以，但要拿来和别人共享的话，就必须遵守一定的'格式'了。"

"输入数据有什么固定格式吗？"

"倒是没有硬性规定啦，但有些东西是约定俗成的。就像这样。"

她熟练地操作着 Excel 工作表，把我输入的内容换了个样子。

	A	B
1	date	weight
2	2015/1/7	386.7
3	2015/1/9	396.7
4	2015/1/10	409.8
5	2015/1/12	384.5
6	2015/1/14	394.3
7	2015/1/16	396.2
8	2015/1/18	401.6
9	2015/1/20	392.8
10	2015/1/22	413.5
11	2015/1/25	393.7
12	2015/2/3	396.9
13	2015/2/5	404.1
14	2015/2/7	391.3
15	2015/2/11	385.3
16	2015/2/14	411.6
17	2015/2/16	373.5
18	2015/2/18	403.2
19	2015/2/22	395.3
20	2015/2/24	404.4
21	2015/2/26	399
22	2015/3/3	414.4
23	2015/3/5	383.8
24	2015/3/7	409.8
25	2015/3/11	413.2
26	2105/3/14	395
27	2015/3/18	372.2
28	2015/3/22	399.4
29	2015/3/25	389.5
30	2015/3/27	402.4
31	2015/3/29	397.7

图 02-04
逸子小姐修改后的数据（breads.csv）

"话说，矩形就是长方形吧？我一开始做的表也是长方形啊？"

"你做的表呀，行里有重复内容。日期和重量都重复出现了 3 次对吧？这样就和 3 张表没什么区别了。应该干净整齐地把数据放在一张表中。阿幸管这种形式叫'矩形'。至于'观测对象'呢，在这次的数据中是指各个面包。然后'变量'有 2 个，一个是买面包的日期，另一个是面包的重量。你来看看我刚做的这个表就懂了，这里每行代表一个面包，日期和重量则分别排成一列，date 代表日期，weight 代表重量。"

"变量就是指会变的量吧？看来学数据分析还是要有数学基础啊。"

"这里的'变量'呀，是指每个面包的购买日期和重量不同罢了，不会碰到'求这个变量的值'之类的问题啦。阿幸，数据整理好咯。"

一旁早已等得不耐烦的天羽小姐猛地坐起身。

"好嘞，加载文件跟求平均值和标准差就交给我吧。"

"已经做好了啦。平均值是 397.1 克，标准差是 10.9 克。"

```
> breads <- read.csv ("breads.csv")
> mean (breads$weight)
```

```
[1] 397.1267
```

```
> sd (breads$weight)
```

```
[1] 10.92062
```

"标准差是什么?"

这边话音刚落,天羽小姐就从鼻子里发出一声长长的叹息。她无力地往沙发上一靠,闭着眼向逸子小姐挥了挥手。

02-06 标准差的概念

"标准差是用来衡量数据离散程度的。用这些面包的数据绘制成直方图后是这个样子。直方图你现在会看了吧?"

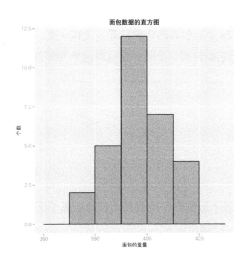

**图 02-05
面包数据的直方图**
(⇒ Code02-01)

"会了。长方形的宽是重量的范围，高是对应的个数。重量在平均值附近的面包最多。"

"嗯，然后有些面包比平均值重，有些比平均值轻对吧？"

"对。有些分布在 370 克～380 克，还有些分布在 410 克～420 克。毕竟是手工面包，这也是难免的吧？"

"嗯，所以重量会出现离散。"

"离散？"

"或者也可以叫**误差**。数据的离散是有规律的，它又叫'数据的分布'。这些在数据分析里算是比较细节的东西了。举个例子，这个图里没有低于 370 克的和高于 420 克的面包吧？"

"没有。毕竟再怎么差也不能差那么多啊。"

"是呢。另外，刚刚我们是以平均值为中心在探讨离散程度，其实研究离散程度最好的方法是绘制直方图，因为可以用眼睛直观地看到。不过，除了直方图以外，还可以用数字来表示数据的离散程度。这就要用到一个叫**标准差**的东西了。标准差代表了数据相对于平均值的离散程度。以白胡子老师给的数据为例，这里最后 1 个面包的重量是 397.7 克，它跟平均值差多少？"

"差多少？平均值是 397.1 克，只要减一下就行了吧？ 0.6 克。"

"没错。然后对其余 29 个面包做同样的计算。这样一来，我们就有 30 个差值了吧？现在要把它们合成 1 个数，然后用这个数来表示面包重量的离散程度。"

"嗯嗯。"

"你觉得该怎么合？"

"诶？加在一起行吗？"

"加在一起可是 0 哦。"

"诶？是吗？"

"是啊，因为它们是各个数据跟平均值的差值嘛。高于平均值的数跟低于平均值的数肯定会互相抵消。"

"诶？啊，也对，确实是这么回事。"

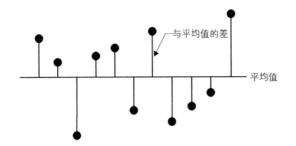

图 02-06
各个偏差值相加为
零的概念图

"好啦，这里就不细讲了，总之就是先求所有差值的平方和，然后除以'总数减 1 后的数值'，最后开平方。得出来的那个数就是标准差。"

$$\sqrt{\frac{(面包的重量 - 平均值)^2 的合计}{面包的总数 - 1}}$$

图 02-07
标准差的计算公式

"……减去平均值再平方，然后加、除、开方，这也太复杂了吧……"

"确实呢。但标准差很好用哦。打个比方，有了它之后，咱们就可以拿白胡子老师算出来的 30 个面包的平均值跟真正的平均值做个比较了。"

"也就是说……"

天羽小姐终于忍不住过来插嘴了。

"可以用它来检查样本平均值和总体平均值之间是否存在矛盾。"

02-07 总体与样本

"是这样的……"

见我懵得快找不着北了，逸子小姐赶忙过来搭话。

"**总体**是指全部数据。放到咱们这个案子里呢，就是金麦面包房做的所有面包。"

"所有面包？要把店里摆的面包全都买回来？是这个意思吗？"

"怎么可能。"

"我就说嘛……"

"好啦，不瞎扯了。这里的'所有面包'不是指金麦面包房某天做的面包，而是指他们过去卖掉的以及今后要卖的全部面包。"

"啊？那得有多少啊？"

"天知道，一万个恐怕都打不住。但从理论上讲，金麦面包房面包的总体就是指他们家过去未来做的所有面包。"

"这太强人所难了，根本不可能收集到这些数据啊。"

"没错。但要研究金麦面包房所售面包的平均值，理论上必须用**所有面包**做**总体**。而实际情况也正如你所说，不可能把所有面包都称一遍。所以咱们只研究总体的一部分，这个部分就叫作**样本**。对这次的案子而言，白胡子老师称出来的 30 个面包的重量就是样本。嗯？怎么啦？"

其实从逸子小姐讲到一半开始，我就一直在做笔记，但记到这里突然卡住了。逸子小姐见状探过头来，瞅了瞅我的笔记本。

●**俵太整理的笔记：总体与样本**

总体 所有应当调查的对象

⇒以面包为例，指过去以及未来销售的所有面包

样本 总体的一部分

⇒白胡子老师称出来的 30 个面包的重量（??）

"这个（??）是什么？"

"呃，白胡子老师调查了 30 个面包，对吧？但面包的总体比这个多太多了啊。区区 30 个面包的平均值能跟所有面包的平均值作比较吗？"

"当然不行。"

一直在一旁默不作声地听着我俩对话的天羽小姐这会儿又插了一嘴。

"啊？可是……"

"没什么可是，不行就是不行。不能比较，但是可以推断。"

"推……推断？"

"对。就算只有 30 个，只要它们能代表金麦面包房做的面包，那么它们的平均值就不会离真正的平均值太远。现在我们要做的，是要利用样本平均值来推断总体平均值所在的范围。由于对象是面包的重量，所以可以假设它符合正态分布。"

"正态分布是什么？"

"唉……"

02-08 正态分布

天羽小姐把我的电脑拽到自己面前，以令人叫绝的指速敲击着键盘。不一会儿，她将屏幕转向我。

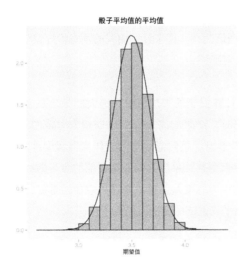

骰子平均值的平均值

图 02-08
骰子平均值的平均值
（⇒ Code02-02）

"我把掷 10 次骰子求平均值的命令执行了 100 000 次，然后做成了这张直方图。骰子的理论期望值是 3.5，对吧？"

"嗯。"

"理论上虽然是 3.5，但现实中掷 10 次骰子求平均值就不一定正好是 3.5 了。这是电脑模拟出来的结果。"

```
> mean (sample (1:6, 10,replace = TRUE))
[1] 3.8
> mean (sample (1:6, 10,replace = TRUE))
[1] 3.7
> mean (sample (1:6, 10,replace = TRUE))
[1] 4.5
> mean (sample (1:6, 10,replace = TRUE))
[1] 3.3
> mean (sample (1:6, 10,replace = TRUE))
[1] 3.9
```

"原来如此。"

"把这个重复 100 000 次以后再求平均值，也就是求平均值的平均值，结果会越来越接近 3.5。然后把求出来的 100 000 个平均值制成图表，就有了刚才那张直方图。"

"直方图我能看懂，但这个图上面还有一条曲线啊？"

"这是骰子期望值的理论曲线。你来看，曲线的顶点恰好位于 3.5 的位置，而且成左右对称，对吧？"

"这么一说确实是呢。"

"它表示在重复多次计算骰子的平均值时，绝大部分结果会集中在期望值 3.5 附近，与此同时，结果的离散程度以期望值为轴左右对称，且极其偏离期望值的结果很少。我们把数据的整体离散程度称为**分布**，其中像这样左右对称且只有少数结果极其偏离期望值的分布则称为**正态分布**。然后，离散程度体现为标准差。接下来这一点比较重要，那就是大部分数据会集中在距离平均值 2 个标准差的范围内。"

天羽小姐再次拖走电脑，行云流水般地敲着键盘，然后重新将屏幕转过来。

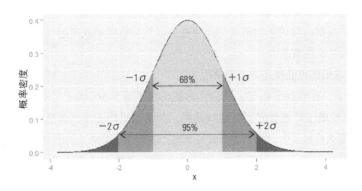

图 02-09
正态分布与数据的离散程度

　　"有 68% 的数据集中在距离平均值 1 个标准差的范围内，有 95% 的数据集中在距离平均值 2 个标准差的范围内。这是正态分布的重要性质。"

　　我赶忙记了笔记。

●**俵太整理的笔记：分布的知识**

标准差　　代表数据的离散程度，即减去平均值，然后平方，求和，除以"总数 – 1"，最后开方所得的数值

正态分布　　数据以平均值为中心左右对称离散的分布。离散程度用标准差表示。据说很好用（过会儿去请教）

95% 的数据所在的范围　　距离平均值 2 个标准差以内

02-09　检验平均值的差异

　　"说到底，这种情况还是要做检验。"

　　"要拿面包去做化学检验吗？"

　　"驴唇不对马嘴。我是说均值差异检验，也就是用软件检查样本均值和总体均值之间是否存在差异。原理涉及刚才讲的正态分布和标准

差，但说明起来太费时间，今天就不讲了。回到面包的问题上来，现在我们要假设面包的平均值真的是 400 克，然后看看遇到白胡子老头那种情况的可能性有多大。"

"这里的可能性还是指概率吧？"

"对。在数据分析时，我们认为概率大于等于 5% 属于可能性较高，不足 5% 属于可能性较低。也就是说，如果这里检验出的概率大于等于 5%，那么可以认为白胡子老头只是倒霉，碰巧连续买到了偏小的面包。一旦概率不足 5%，就得怀疑金麦面包房的面包平均重量不足 400 克了。"

见我一脸迷糊，逸子小姐笑着说道：

"在想'为什么是 5%'对吧？这算是个习惯问题啦，有时候也会选 1% 或 10% 什么的为基准。它在数据分析里叫作**显著水平**（significance level），是在实施分析或展开调查前就确定好的一个量。另外，认为**样本均值和总体均值之间的差异只是误差**，即认为二者之间不存在差异的假设称为**零假设**（null hypothesis）。相对地，认为**样本均值和总体均值之间的差异超出了误差的范畴**的假设称为**备择假设**（alternative hypothesis）。"

"零？"

"没错。以面包的案子为例，零假设就是**白胡子老师买的面包的平均值与金麦面包店所有面包的平均值 400 克之间的差异只是误差**。也就是二者没有差异。备择假设则是**白胡子老师买的面包的平均值与金麦面包店所有面包的平均值 400 克之间的差异超出了误差的范畴**。当零假设成立的概率不足 5% 时要否定零假设，采信备择假设。到那时，得出的结论就是金麦面包房的面包重量在换店主后发生了变化，不再是 400 克了。"

于是我听得更迷糊了。

"拜……拜托，先等一下。"

我赶忙打开笔记本奋笔疾书。一旁的逸子小姐探过头来，

"零假设的'零'是汉字，不要写阿拉伯数字。雨字头加一个命令的令。总之，零假设就是我们不希望它发生的意思。"

●俵太整理的笔记：零假设与备择假设

零假设　　　　　　样本均值与总体均值的差异在误差范围内

白胡子老师买的面包的平均值与金麦面包房宣传的重量之间的差异只是单纯的误差

备择假设　　　　　样本均值与总体均值的差异超出了误差范畴

白胡子老师买的面包的平均值与金麦面包房宣传的重量之间的差异不只是单纯的误差

概率不足 5%　　　　否定零假设

白胡子老师的意见无误，金麦面包房的面包重量发生了变化

概率大于等于 5%　　保留零假设

金麦面包房的面包重量没有变化，仍然是 400 克

显著水平　　　　　用作判断基准的概率　　1%、5%、10%

"这名字听着挺唬人啊。"

"白胡子老师现在坚信面包变小了，所以在他看来这是个不可能成立的假设。但在做数据分析时，咱们要先相信金麦面包房的宣传。然后在此基础上，计算随机抽选的样本的平均值，看看它有多大概率与金麦面包房宣称的平均值 400 克不相等。也就是在总体均值为 400 克的前提下，计算白胡子老师的样本均值小于 400 克的概率。如果这个概率不足5%，那么否定零假设，采信备择假设。反之则保留零假设，认为没有足够证据去怀疑金麦面包房的面包重量发生了变化。"

02-10　在RStudio上做均值差异检验

"不管怎样，事实胜于雄辩，咱们在 RStudio 上实际执行一遍吧。首先要加载你刚才输入的那组数据，起个名字叫 breads。"

"然后，这组数据里有日期和重量 2 个变量，但咱们现在只需要重量，也就是 weight 这一列。把这一列的平均值与总体均值，即金麦面包房宣传的 400 克作对比，判断二者的差异是否在误差范围内。这就是所谓的**均值差异检验**，或者叫作 *t* 检验。它在 RStudio 里是这样操作的……"

```
t.test (breads$weight, mu = 400)
```

"t.test 是进行均值差异检验的函数。括号内的前半部分指定了breads 数据的 weight 列，后半部分，也就是逗号后面的部分指定了总体均值。咱们这个案子的总体均值是 400 克，所以这里写 400。"

"这个 mu 是干什么的?"

"mu 不要分开念，它代表的是希腊字母 μ，念作'谬'，相当于英文字母里的 m。然后 m 是求平均值的函数 mean 的首字母。"

表 02-02　希腊字母及对应读音

α	β	γ	δ	ε	ζ	η	θ
阿尔法	贝塔	伽马	德尔塔	艾普西隆	泽塔	伊塔	西塔
ι	κ	λ	μ	ν	ξ	o	π
约塔	卡帕	拉姆达	谬	纽	柯西	奥米克戎	派
ρ	σ	τ	υ	ϕ	χ	ψ	ω
柔	西格玛	陶	宇普西隆	斐	卡	普西	欧米伽

"为啥又冒出希腊语来了……"

"因为听起来比较高端吧。"

"诶? 就为这个?"

"天知道。不管它啦，咱们执行咱们的。"

数据分析本身貌似是一个非常细致的学科，但没成想，教我这门学科的老师居然是这样一个大大咧咧的性格。

```
> t.test (breads$weight, mu = 400)
```

```
One Sample t-test

data:  breads$weight
t = -1.4411, df = 29, p-value = 0.1603
alternative hypothesis: true mean is not equal to 400
95 percent confidence interval:
 393.0488 401.2045
sample estimates:
mean of x
 397.1267
```

"呃……好大一段，还是英语……"

"翻译过来是这样啦。"

1个样本的t检验

数据：白胡子老师的面包重量数据
离差统计量 = -1.4411，自由度 = 29，P 值 = 0.1603
备择假设：真正的平均值并不是400克
95%置信区间：
 393.0488 ~ 401.2045
样本均值：
 397.1267

"样本归根结底就是数据。-1.4411 的离差统计量是统计学的一个特殊指标，它在这里表示白胡子老师买的面包的平均值与总体均值 400 克之间的差异。统计学里也管这个值叫 t 值。然后自由度等于数据数量减 1，所以是 29 个。接下来的 P 值最关键，它是 probability 的缩写，意思是概率。"

我听得满脑袋问号。逸子小姐看到我这副表情，不禁苦笑起来。

"说白了，这堆输出结果里最重要的就是'P 值'。刚才咱们一直在说正态分布，提到了当一组数据满足正态分布时，该组数据将有 95% 分布在距离平均值 2 个标准差以内的范围里。这个 P 值其实也是按同样机制算出来的。"

"然后，白胡子老头那组数据的 P 值是 0.1603。"

一直在旁边寻找出场机会的天羽小姐终于开了口。

"就是说，假设金麦面包房的面包平均重量真是 400 克，那么白胡子老头买 30 个面包，碰巧平均重量为 397 克的概率是 16%。俵太，这能得出什么结论？"

天羽小姐突然瞪了过来。问题来得太突然，我吓得张大嘴盯着她，竟一时间没说出话。

"啊？呃，既然概率已经超过了 5%，所以金麦面包房的面包平均重量并没有减少，仍然是 400 克？"

"差不多吧。严谨点说的话，应该是没有足够证据去怀疑面包变轻了。总而言之，白胡子老头买的面包的平均重量与金麦面包房宣传的平均重量之间不存在显著差距。"

"那啥，刚才这一串流程叫什么来着？"

"均值差异检验！"

"均值差异检验！"

天羽小姐和逸子小姐异口同声地回答道。

● 俵太整理的笔记：均值差异检验

现实中的数据　　　从总体中选取样本

　　⇒通过样本的平均值和标准差推测总体

假设　　　　　　　提出零假设和备择假设

　　⇒显著水平定为 5% 或其他值。涉及正态分布、t 分布等概率分布

检验　　　　　　　通过概率分析 2 个平均值之间的差异

P 值　　　　　　概率不足显著水平则否定零假设

　　　　　　　　　　概率达到或超过显著水平则保留零假设

如果零假设被否定　样本均值与总体均值之间的差异超出了误差范畴

"平均值的差异要正儿八经地证明起来居然有这么麻烦。"

"也不能这么说。麻烦的只是它背后的理论，真正干起活儿来只要动动统计软件就行了。"

"原来如此。用软件做检验的方法我大概懂了。"

"那就好。不过啊俵太，你眼下的任务是拿刚才那些东西去说服白胡子老师哟。"

"诶？我？去说服白胡子老师？"

单是常年笑脸的逸子小姐也就算了，这会儿连天羽小姐也是一脸坏笑，两人一齐观察着傻了眼的我。

第二天，我拉上逸子小姐，再次来到白胡子老师家中。昨天所学的内容早已在脑中反复整理了数次，今天本打算按部就班地讲给白胡子老师听，但我到底还是低估了**检验**机制的复杂程度，说几句就要卡住一回，好在一旁的逸子小姐每次都会帮忙解围。白胡子老师自始至终都没有打断我的讲话，只是左手捋着白须，右手揣在左臂的云袖中，一脸严肃地盯着我。等我费尽九牛二虎之力把话讲完，拿出手帕擦了擦满是汗的额头之后，他站起身，一副居高临下的表情说道：

"这个我不能认同。"

真是无语，我的解释或许是拙劣了些，但道理还是通的啊。一旁，逸子小姐也露出惊讶的神情，她问白胡子老师：

"那老师您打算怎么办呢？"

"我要重新收集数据。从今天起每天到京介的店里买面包，记下重量和味道，然后每半年把数据给他看看。顺便我还要跟市里老年协会的老头老太太们说说，让他们也去尝尝京介家的面包。"

我傻乎乎地听了半天，一时没反应过来白胡子老师的意思，身旁的逸子小姐则恢复了往日的微笑。呃，这莫非是……

"这个办法不错。另外，我听说京介先生曾是您的学生。如果您对京介先生店里的商品有意见，直接说给他听不就好啦？其实京介先生也是这个意思。"

"嗯？京介他都说了什么？"

"他说啊，感觉自从他独立以后，老师您就不愿意当面教训他了。"

白胡子老师尴尬地笑了起来。见到这副情景，我和逸子小姐也忍不住笑出了声。

天羽总经理的统计学指南

●总体与样本

总体是指整个对象集合，比如全体国民。样本是从总体中选取的一部分所组成的集合。

数据分析中，很多时候无法对总体进行调查。这种时候就需要以样本为数据，从中分析总体的性质。

●平均值与标准差

平均值等于所有数据求和后再除以数据数量。标准差是衡量数据与平均值之间差异的数值。先将各个数据减去平均值，再求出所有差值的平方和，接下来用平方和除以"数据数量 – 1"，这样得出的数值称为方差。方差开平方即可获得标准差。另外，统计学入门书籍中常出现"标准误差"一词，它等于标准差除以"数据数量的平方根"。标准误差用于通过样本均值推测总体均值。

●正态分布

我们在制作、观测事物时免不了出现误差。无论多么精密的机器，在制造过程中也会出现细微的变动。概率分布就是用概率来表现这些变动，正态分布则是其中最具代表性的一种概率分布。正态分布最著名的特征就是数据变动幅度（离散程度）以平均值为中心左右对称。绘制成图表后呈现吊钟型，像富士山的轮廓那样。数据分析常以正态分布为模型来分析数据的平均值与离散程度。另外在概率分布中，一般认为曲线与 X 轴所围成图形的面积等于 1（即 100%）。如下图所示，对于平均值为 0 且标准差为 1 的正态分布而言，在调查以平均值为中心且面积为 0.95（即 95%）的图形时会发现，X 轴的左端约为 –1.96，X 轴的右端约为 1.96。

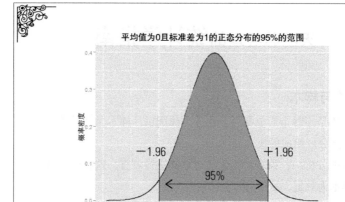

根据这一性质，如果数据满足正态分布，那么可知将有 95% 的数据落在平均值 ±1.96 倍标准差（粗略计算时取 2 倍）的范围内。

● t 分布

除正态分布之外，数据分析还经常用到 t 分布、卡方分布等概率分布。其中 t 分布的图形如下图所示。

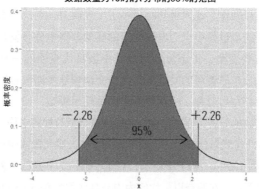

　　t分布与正态分布十分相似，但两侧要比正态分布宽松一些。正因为如此，在研究曲线与 X 轴所围成图形的面积时会发现，相较于正态分布的 ±1.96，t分布的两端的数值更大，其左右宽度也相应地更大。在 t分布中，95% 的范围与数据数量成正比，当数据数量较少时，t分布要比正态分布更加精确。所以如果一组数据数量较少，那么在求该组数据的 95% 的范围时，不应该选取正态分布的 1.96 作为标准，而是应该选取 t分布中 95% 的范围所对应的数值（上图中为 −2.26 和 2.26）。另外，均值差异检验中出现的"t值"对应的就是 t分布的 X 轴坐标。

●检验

　　检验是一种数据分析手法，它用来分析实际数据的**统计量**（平均值等）与预想的统计量之间是否存在巨大差异。本章中，我们通过检验（**均值差异检验**）分析了 30 个面包的平均重量与面包店宣传的平均重量之间是否存在实质性差异。除此之外，还有通过问卷统计结果分析男女意见是否存在差异的检验（参照第 3 章 "03-05 独立性检验"）。

　　数据分析在处理"有差异""有不同"的问题时，关键要看是否存在非偶然的实质性差异。只要把差异拿到**概率分布**中来，就可以求出其对应的概率。如果概率较小（一般以 5% 为基准，这个基准称为**显著水平**），那么我们认为该数据存在实质性差异或者存在显著的不同。这个在数据分析里称作**存在显著差异**。

本章出现的 ℛ 代码

●四则运算

乘法用"*"表示，除法用"/"表示。

```
> 1 + 2        # 左端的>是控制台固定显示的提示符，不必手动输入
[1] 3
> 2 * 3 * 4  # 2×3×4
[1] 24
> 8 / 4 / 2  # 计算8÷4÷2
[1] 1
```

●加载数据

加载面包重量的数据（breads.csv）并将其命名为 breads。

```
> breads <- read.csv ("breads.csv")
```

另外，按下述方法执行会弹出文件对话框，我们可以从中选取数据文件（breads.csv）。

```
> breads <- read.csv (file.choose())
```

● sd 函数

这是用来求标准差的函数。$ 为分隔符，格式为"数据名 $ 列名"。

```
> sd(breads$weight)  breads数据的weight列要用$来指定
```

● Code02-01 绘制直方图（P.71）

R 可以用 hist() 函数绘制直方图，但本章使用的是 ggplot2 程序包。按下述流程可绘制出本章的直方图。

```
> install.packages("ggplot2")          # 安装程序包
> library (ggplot2)                     # 使用前先加载程序包
> # 通过以下命令实际绘制图标
> ggplot (breads, aes(x = weight)) + geom_histogram(binwidth = 10,
fill = "steelblue", colour="black",  alpha = 0.5) + xlab("面包的重量
") + ylab ("个数") + ggtitle("面包数据的直方图")
```

● t.test 函数

这是用来执行 *t* 检验（均值差异检验）的函数。mu = 400 表示总体均值定为 400（克）。

```
> t.test (breads$weight, mu = 400)
```

● Code02-02（P.75）

通过电脑模拟求出骰子平均值的平均值。模拟次数越多越接近期望值。

```
> # 用replicate函数执行100000次"掷100个（次）骰子的实验"，并将结果
以res为名称保存
> res <- replicate(100000,  mean (sample(1:6, 100, replace = TRUE)))
> # 简单的直方图
> hist(res)
> # 生成更精致的直方图
> library(ggplot2)
> dice <- data.frame(骰子 = res)
> head (dice)
> ggplot(dice, aes (x = 骰子)) + geom_histogram(aes(y =
..density..),binwidth = .1, fill = "steelblue", colour="black",
alpha = 0.5) + xlab("期望值") + ylab ("") + ggtitle("骰子平均值的平均值")
```

关于搞活商业街的调查问卷，这东西该怎么做

立场	活动	回答6			
		促销			
顾客	11	39	商品齐全	服务态度好	
店主	38	11	18	35	
			42	9	

03-01 传统吉祥物还是萌系美少女

自我入职以来已经半月有余，这天早晨，商业街会长樱田先生再次敲响了 AMO'S 事务所的大门。天羽小姐、逸子小姐和我一同来到接待室招呼樱田先生。

"其实，我最近在琢磨一个搞活商业街的项目，所以想跟天羽小姐商量商量。"

"客流果然受影响了？"

天羽小姐口中说的"影响"，八成是前阵子附近车站进行改造一事。樱田先生的商业街连接着出站检票口和住宅区，所以街上大部分人都是回家路上顺便逛一逛。经过这次改造，车站新开了一条通道，可以从车站内直达车站百货商场，乘客出检票口后可以直接经由车站商场回家。一旦人们习惯了这条路线，来商业街买东西的顾客势必会减少。前几天听逸子小姐讲，以樱田先生为首的商业街店主们最近正在为这件事发愁。貌似车站改造后重新开放是 3 月初的事，那么算起来距今已经有一个多月了。

"呃，这个我还没具体调查，到时候估计还得请你帮忙。不过今天我来是为了别的事儿。"

樱田先生把用绳子捆好的厚厚一叠 A4 纸放到了桌子上。

"这是什么？"

天羽小姐解开绳子，拿起最上面的一张纸。我从旁边瞟了瞟纸面，貌似是问卷调查。纸上印着一些问题，问题旁边还有手写的回答。

"是这样，我觉得给商业街弄个吉祥物做做宣传或许会有帮助。你想啊，最近不是挺流行那种可爱的圆滚滚的吉祥物吗？我就是想搞个那玩意。结果一帮年轻的店主们说用新兴的萌系角色比较好。"

"萌系角色？动漫美少女那种吗？"

"俵太看来很感兴趣嘛。"

逸子小姐笑着对我说道。

"不……不是，我对那个没什么兴趣，但这类吉祥物貌似很有效果的。之前有部以几个爱好登山的女孩子为主角的动画，背景是埼玉县某市。结果那里成了粉丝们眼中的圣地，吸引了好多喜欢这部动画的人去朝圣。"

见我慌忙开口否定，逸子小姐笑得更开心了。

"这都行？我是理解不了。"

天羽小姐一脸无奈。

"不，确实是田中说的那样，听说这吉祥物对城市宣传挺有作用的。当然我也无法理解就是了。后来说到传统型的吉祥物和萌系吉祥物该用哪个的时候，我本来打算让商业街内部投票表决，但他们认为既然要征求众人意见，不如直接搞个问卷调查听听顾客怎么说。"

03-02 调查问卷

"所以你就搞了个问卷调查，然后把填好的问卷都扔到我这来了？"

天羽小姐竖起了眉毛。

"不好意思，就是这么回事。因为我实在不知道该怎么办了。"
"既然迟早都要拿到我这儿来，那你做问卷调查前至少该跟我商量一下吧？"

　　说着，天羽小姐把手中的问卷往桌上一扔，气愤地靠在了沙发上。调查问卷在桌边散落了一地。我一边动手收拾，一边问樱田先生。

　　"这个问卷是调查什么的啊？"
　　"主要是问问对方更喜欢萌系吉祥物还是传统吉祥物。后来觉得反正都做调查了，不如多加几个问题。"
　　"你多加几个没用的问题是觉得自己赚了，但这次调查的正题怎么办？这闹不好就分析不出来了！"

　　仰靠在沙发上的天羽小姐句句带刺，看来心情糟糕透了。

　　"好啦好啦，阿幸，先看看再说嘛。"

　　逸子小姐站出来当和事佬了。我也趁这个机会仔细看了看问卷。

◉商业街调查问卷的开头部分

致亲爱的顾客：
　　感谢您长年以来对○○商业街的厚爱。
　　我们正在做一项调查，如若有幸得到您的回答，我们将不胜感激。
　　今后，我们将以您的回答为参考，不断完善我们的服务。

商业街调查问卷	
问题	请任选一项
1. 性别	☐男　☐女
2. 年龄	☐ 10～19 岁　☐ 20～29 岁　☐ 30～39 岁 ☐ 40～49 岁　☐ 50～59 岁　☐ 60 岁以上
3. 职业	☐公司职员　☐公务员　☐学生　☐主妇 ☐兼职　☐小时工　☐其他
4. 您经常光顾本商业街吗？	☐是　☐否　☐一般
5. 今后还会光顾本商业街吗？	☐是　☐否
6. 您觉得本商业街的魅力在哪里？	☐活动　☐促销　☐商品齐全　☐服务态度好
7. 您更期待哪一种宣传活动？	☐传统吉祥物　☐萌系美少女

　　"先是选择性别、年龄、职业。然后是 4 个问题，对吧。"
　　"这问题太烂了。"

　　天羽小姐戳了戳桌上那叠问卷的最上面一张。

"诶？哪个？"

樱田先生满脸惊讶。

"问题4，'您经常光顾本商业街吗？'这一项。我给你举个例子。俵太，这道题你会怎么答？"

"诶？我吗？我每天早晨和晚上都要穿过商业街，所以该选'是'吧？"

"不对，田中，这道题是在问'是否经常来商业街买东西'。"

"啊，这个意思吗？那，我每周会在商业街买几次盒饭，或者在那儿吃午饭，这样算不算'经常光顾'啊？"

"好了，你瞧吧。"

天羽小姐的语气中带着嘲讽。

"问题里的'经常'缺乏一个具体标准，几次才算经常？另外，像俵太这样把单纯路过商业街也算作'光顾'的大有人在。"

樱田先生纠结地双手抱头，看来这事儿挺让他头疼的。结果天羽小姐非但没就此罢口，反而又补了一刀。

"这种情况下，应该问'您平均 1 周来商业街购物几次？'才对，而且要把回答设置成'几乎每天''1 周 2～3 次''1 周 1 次''其他'这种形式。还有，下面这个'今后还会光顾本商业街吗？'也是多余。填这问卷的都是来商业街购物的顾客吧？除非人家有极其特殊的情况，否则谁也不会选'否'。"

"你的意思是，这调查问卷白费功夫了？这下惨了，亏我还回收了将近 100 张……"

"这个'您觉得本商业街的魅力在哪里？'或许能用。"

●勉强能用的项目

您觉得本商业街的魅力在哪里？	□活动 □促销 □商品齐全 □服务态度好

"我懂了，是调查顾客们的潜在需求吧？"

樱田先生的表情缓和了些。

"差不多。但你当初为什么不多加几个选项，做成多选形式的呢？"

"话是这么说，但大伙儿出主意的时候又是'店铺的风格'又是'价格'，一个个都是想到啥说啥，没完没了。最后我只好自作主张总结成了 4 个。"

"无所谓了，反正这问卷调查都做过了，现在说什么也是白费。话说，让商业街的店主们也答答这问卷如何？"

"诶？这个嘛，其实已经让他们试着答过了。"

樱田先生打开放在地上的包，从里面又取出了一叠纸。天羽小姐把整叠纸接过，快速翻看了起来。

"唔。店主们和顾客们的回答可能会不太一样。"

"你是说，店主们觉得自己的商业街是这个样，但顾客们实际感受到的商业街是那个样，两边的印象错位了?"

我伸长脖子，努力想看清店主们的答卷。

"差不多吧。俵太，把这个输进制表软件。"

"Excel 吗?"

"我说'制表软件'你没听见?"

天羽小姐低着头，眉间竖起了可怕的川字纹。见我吓得像小鸡一样，坐在对面的逸子小姐一如既往，咯咯地笑了起来。

03-03　输入调查问卷的数据

这会儿樱田先生已经离开，天羽小姐也不知道去了哪里。我走回办公室，'咣'地一声把堆成山的问卷撂在桌上，按下电脑电源，打开Excel。刚要开工，逸子小姐端了杯茶送到我手边。

"啊，谢谢。话说，天羽小姐人也是真好，居然义务帮别人做这种工作。"

"不是义务的哦。"

"诶? 但从头到尾都没谈钱啊?"

"咱公司呀，是商业街的顾问侦探。"

我听说过顾问律师，但顾问侦探这词儿还是头一次听说。本打算问问这里和商业街究竟是怎样一个关系，结果逸子小姐先开了口。

"俵太，输入数据不用我再教了吧?"

"呃，我应该没问题。行是答题者，列是回答的内容对吧?"

"嗯嗯。"

"所以，输成这样对吗?"

我从桌上拿了 2 张问卷输进了电脑。

表 03-01　问卷数据的输入

编号	性别	年龄	职业	回答 6	回答 7
1	男	50 ~ 59 岁	公司职员	服务态度好	传统吉祥物
2	女	40 ~ 49 岁	主妇	促销	传统吉祥物

"嗯。然后还需要再添一列，用来存放区分店主还是顾客。列名嘛，可以先叫**立场**之类的，里面的数据写**顾客**或者**店家**。嫌麻烦的话直接用 1 和 0 也行。"

"诶? 1 和 0 吗?"

"因为足够区分了呀。只要事先定好 1 是顾客 0 是店家就行。这类数据称作二元变量，或者叫伪变量。"

"这些我还是第一次听说。"

表 03-02　添加列

编号	性别	年龄	职业	回答 6	回答 7	立场
1	男	50 ~ 59 岁	公司职员	服务态度好	传统吉祥物	顾客
2	女	40 ~ 49 岁	主妇	促销	传统吉祥物	顾客

逸子小姐笑了笑，把椅子推回了自己的位置。

"输一会儿歇一会儿就好，别太勉强自己，太累了只会更容易输错东西。"

这句话我倒是认同，但毕竟还不到中午，加把劲儿的话，应该能赶在下班前录完。更何况我也没有其他事可干。回想起来，从入职到现在我还一次班都没加过。每天一到 5 点，天羽小姐就会跟我说"可以下班了"。可每次听到这句，我心里第一反应总是"今天什么活儿都没干，就这么下班真的好吗？"但接下来逸子小姐一定会笑着说一句"辛苦啦"。然而话又说回来，她们两个从来不在这个时间下班。我曾试探着问过："二位还不回家吗？"得到的回答是："我们还有事没办完。"

我一言不发地埋头敲着键盘。偶尔遇到回答栏留空的情况，我问了问逸子小姐，她表示可以直接留空，或者记上"无回答"，要么就直接输入个 NA。NA 好像是 not available（无可用回答）的缩写。然后她还不忘补上一句"输入方法可以根据自己的习惯来，但一定要保证前后统一"。

搞定近 200 张问卷的录入工作，我揉了揉发干的眼睛。这时，逸子小姐关心地说："累了吧，辛苦你啦，可以下班了哟。"我抬头看了看墙上的时钟，还不到 5 点。正在犹豫之际，逸子小姐微笑着从挂衣架上取下我的外套递了过来。既然如此，我只好恭敬不如从命，起身踏上了回家的路。

03-04 将数据制成列联表

第二天来到公司，发现天羽小姐居然破天荒地在等我。她见面第一句话便是询问昨天的数据如何了。

"昨天我就录入完了，随时可以给您。"
"那好，咱们来简单地分析一下这次问卷调查，顺便也指导下你。"

天羽小姐指了指我的桌子，看来是要用我的电脑。她把自己的椅子拉到我桌边坐了下来。我紧张兮兮地打开制表软件，加载文件。这时候，后脑勺冷不丁地被天羽小姐一敲。

"用了之前教你的录入格式啊，学得挺快嘛。"
我脸上一阵热，瞟了一眼正准备外出的逸子小姐。她冲我挤了挤眼，悄悄伸出手来竖起大拇指，随即转身出门去了。

"接下来，咱们看看商业街的店主们跟顾客们是否有意见分歧。你先把这些数据转换成列联表。"

"列联表？"

"嗯。这种表你见过的吧？"

天羽小姐扯过一张打印过东西的废纸，动笔画了一个表格。

表 03-03　天羽小姐的手绘表格

您支持 A 候选人吗	男	女
支持	8	5
不支持	5	7

"这表示的是分别调查了男性和女性对 A 候选人的支持情况吧？数字是人数。"

"没错。这类表就叫作**列联表**。不过，它只是对已输入数据的一种统计。统计前的数据要以这种格式输入制表软件。"

天羽小姐在废纸上继续画着。

表 03-04　天羽小姐的手绘表格 2

编号	性别	回答
1	女性	支持
2	男性	不支持
3	男性	支持
…	…	…
23	男性	不支持
24	男性	不支持
25	女性	不支持

"先要有这些已经输入在制表软件中的数据，然后才能制作列联表。"

"好麻烦啊。直接先按性别和回答给这些问卷分类，然后再数一数不就好了？感觉这样比录入还快一些。"

听了我的疑问，天羽小姐犀利的目光透过镜片径直向我刺来。

"数错了怎么办？单留个统计结果，以后想验证都没法验证吧？再说了，分析问卷结果又不是光用列联表就行的。"

我在一旁点头如捣蒜，拼命表达着"您说的对"。

"共享盘里有这类型的示例数据，你自己加载一下看看。"
"啥？"
"急死我了。这么弄！"

天羽小姐蛮横地拽过电脑，在键盘上敲了一阵，随后将屏幕转向我。

```
> dat <- read.csv("sample.csv") # 输入dat<- read.csv(file.choose())
则可以通过对话框指定sample.csv
> dat
```

```
    SEX RES
1    F   Y
2    F   N
3    M   Y
4    F   N
  ⋮
23   M   N
24   M   Y
25   M   Y
26   F   N
```

"这是啥？"
"不就是我刚才写在纸上的吗？"

说着她把那张废纸塞到我面前。

"您把数据内容换成英语了？太抽象了看不太懂。F 是 Female 的缩写？"

"只是把**性别**换成了 SEX，**回答**换成了 RES 而已。然后 F 是女性 Female，M 是男性 Man。Y 是 Yes，N 是 No。"

"直接用中文不就好了？"

"输入起来太麻烦了。中文还要处理汉字的问题，但英文和数字就没那么多事儿。行了，咱们言归正传。现在这个名为 dat 的数据已经加载进了 RStudio，我们来根据它生成列联表。"

"很复杂吧？"

"这个倒是不复杂。"

天羽小姐麻利地敲了几下键盘。

```
> table (dat)

    RES
 SEX N Y
   F 8 6
   M 5 7
```

"啊？这就完了？"

"对。英文中的表就是 table，所以在 R 里，生成表的函数叫 table()。"

"突然觉得很没技术含量。"

"别自信得太早。你等一下。"

天羽小姐再次夺过键盘。

```
> install.packages ("dplyr")
```

"这是在干什么？"

"给 RStudio 安装额外功能。好了。"

她看都没看我一眼，继续敲着代码。

```
> library (dplyr)
> dat %>% table
```

```
     RES
 SEX N Y
   F 8 6
   M 5 7
```

"呃，您稍微等一下。这个跟刚才的 table(dat) 一样？"

"嗯，这是最近比较流行的方法，叫**管道处理**。你可以把它理解成用 %>% 符号让左边的数据流到右边。"

"右边？"

"这里的 table 函数虽然去掉了圆括号，但它制表的功能没有变。这条命令的意思就是**用左边的数据生成表**。%>% 称作管道运算符。刚才我们生成了男女两方支持 A 候选人的人数的列联表，现在给它起个名叫 dat2 保存起来。"

```
> dat2 <- dat %>% table
> dat2
```

```
     RES
 SEX N Y
   F 8 6
   M 5 7
```

03-05 独立性检验

"接下来对这个 dat2 进行**独立性检验**。"

"又冒出一个听着就很难的词啊。"

"这个检验的原理确实很复杂，但实际操作并不难。只要输这么一条命令就行。"

```
chisq.test(dat2)
```

天羽小姐输完命令一敲 Enter，屏幕上立刻显示出了结果。

```
> chisq.test (dat2)
```

```
    Pearson's Chi-squared test with Yates' continuity correction

 data:   dat2
 X-squared = 0.15476, df = 1, p-value = 0.694
```

"或者可以用刚才讲的管道运算符。像这样……"

```
> dat2 %>% chisq.test
```

屏幕上这堆东西我能猜到是检验结果，然而根本看不懂。

"翻译过来大概是这样。"

见我桌上有张包装纸，天羽小姐便顺手扯了过来，在背面写了如下内容。

```
> 卡方检验 (dat2)
```

```
    皮尔逊卡方检验，已进行叶氏连续性修正

 数据名：  dat2
 卡方值 = 0.15476，自由度 = 1，概率 = 0.694
```

"我来讲一下，首先 chisq.test() 是进行独立性检验的函数。这种检验也叫**卡方检验**。"

"卡?"

"就是希腊字母卡 (χ)。"

"又是希腊文吗?"

"确实是希腊文，怎么了?"

"不不，没怎么。您……您继续讲。"

天羽小姐一脸莫名其妙地歪了歪头，随后继续刚才的话题。

"统计学以**卡方值**为基准判断列联表中的数值是否存在偏差。"

"表中存在偏差是什么意思？"

"对这张列联表而言，就是指'男女对 A 候选人的支持率是否不同'。从这次输出的结果来看，由于卡方值很小，可以认为表中不存在偏差。在 RStudio 的这堆输出里，X-squared 的数值意味着表的偏差程度，术语称作**卡方统计量**。现在这个值是 0.15476，而出现这么大偏差的概率为 p-value=0.694。通过数据分析进行检验时，我们以'这个概率到不到 5%'为判断基准。如果不足 5%，就认为它存在显著偏差。"

"存在显著偏差？"

"就是指出现这种偏差绝非偶然。至于这张列联表，检测结果已经证明它的偏差只是偶然罢了。也就是说男女的回答基本相同。"

"跟前阵子的**均值差异检验**一个思路啊。"

"以 5% 为显著水平这点确实一样，但卡方检验主要用于分析列联表。嗯？你写什么呢？"

"没什么，我怕把刚才讲的方法忘了，所以记个笔记。"

天羽小姐微微斜过身子，端详着我摊开在桌上的笔记本。

●俵太整理的笔记：问卷数据的分析

1. **生成列联表**	将回答按各个属性（性别、职业等）分别统计后形成的表
2. **零假设"独立"，备择假设"不独立"**	分析各属性的回答之间是否存在不同之处
3. **通过概率验证假设**	灵活运用 RStudio！！
4. **独立性检验（卡方检验）**	在 RStudio 中是 chisq.test
5. **注意输出的 P 值**	不足 5% 表示存在显著偏差
6. **作出判断**	如果存在显著偏差，则回答内容受属性的影响

03-06 独立性检验的意义

"这类统计'有多少人'或者'有多少个'的数据叫频率数据。对这种数据进行检验时，要先把它们制成列联表。不过俵太，你记笔记我不反对，但这种东西还得靠实践。动脑不如动手。去给你昨天录入的数据做个检验。"

说着，天羽小姐把电脑挪到了我面前。

"从加载数据开始。"

我一时慌了手脚，脑袋里只有一个"诶"字。但冷静下来转念一想，用 RStudio 加载数据的方法逸子小姐已经教过我很多次了。我昨天准备好的文件是 CSV 格式，所以要选能读取这个格式的函数，也就是 read.csv。然后在函数的圆括号里填上文件名 survey.csv。

```
read.csv ("survey.csv")
```

或者用 file.choose() 代替文件名，从对话框里选择对应文件。另外，由于必须让 R 记住这个文件的内容，所以要给数据起个名字。名字可以随便起，这里我直接沿袭了原文件名 survey。

```
survey <- read.csv (file.choose())
```

表 03-05 问卷调查数据的开头部分（已按回答 6 排序）

编号	立场	回答 6	回答 7
1	顾客	商品齐全	无回答
2	顾客	商品齐全	无回答
3	顾客	商品齐全	传统吉祥物
4	顾客	商品齐全	萌系美少女
5	顾客	商品齐全	萌系美少女
6	顾客	商品齐全	传统吉祥物

其实我刚录入完时起的文件名是"问卷调查 .csv",但是逸子小姐昨天告诉我"文件名起成中文的会被阿幸骂哟"。话虽如此,可我根本不知道该起什么样的文件名,最后还是逸子小姐出的主意,把文件名起成了"调查"的英文 survey。

"接下来,把这个数据的**回答 6** 和**立场**这 2 列制成列联表。虽说列名也是用英文比较好,但这次我就不要求那么多了。"

好险好险。总之先继续吧。

"然后,生成列联表要用 table()。"

我一边说着,一边就要抬手敲键盘。

"但有一点需要注意。这份数据除了**回答 6** 和**立场**之外还有其他列。直接使用 table 函数的话,那些没用的列也会加入列联表。所以必须把要生成列联表的列指定出来。你试试用刚才说的管道运算符 %>%,左边写数据名,右边写英文 select。"

"这样吗?"

```
survey %>% select
```

"对。然后在 select 后面加个圆括号。括号里先写**立场**再写**回答6**,中间用逗号隔开。"

```
survey %>% select (立场, 回答6)
```

"这是指定只用这 2 列?"

"没错。现在只要再加个管道运算符,然后在右侧指定 table 函数,就能生成这 2 列的列联表了。"

```
> table1 <- survey %>% select (立场, 回答6) %>% table ; table1
```

	回答6			
立场	促销	服务态度好	活动	商品齐全
店主	11	9	38	42
顾客	39	35	11	18

"啊！出来了。"

见到列联表顺利生成，我高兴得不禁叫出声来。

"嗯，不错。然后你对这表有什么看法？"
"诶？"

我所有注意力全集中在 RStudio 的操作上，压根没想着去分析统计结果。她这一问让我有点儿不知所措。

"先画个图好了。"

天羽小姐拉走键盘飞快地敲了一阵，然后按下 Enter 键。

```
> table1 %>% as.data.frame %>% ggplot(aes (x = 立场, y = Freq, fill
= 回答6)) + geom_bar(stat="identity") + ylab("人数")
```

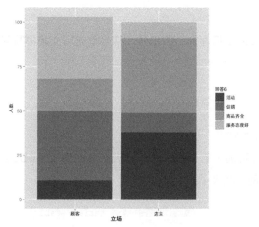

图 03-01
列联表的图
(⇒ Code03-01)

"这样是不是直观一些了？"

天羽小姐把屏幕转向我。

"嗯，确实。顾客的回答里，大部分认为促销和服务态度好是商业街的魅力所在，而店主们明显更倾向于商品齐全和活动这 2 个选项。"
"这个谁都能看出来。我是问从结果中能获得什么信息。"

她用手指戳了戳我的后脑勺。

"啊？好吧。呃……店主们比较重视商品是否齐全，但顾客们对促销的关心程度远胜于此，也就是说顾客追求的是'实惠'。然后，店主们在搞活动方面花了不少心思，但顾客们对此兴趣不大，反而更重视店家的服务态度。啊，还有，有 35 名顾客对商业街的服务态度表示满意，但选了这一项的店主只有 9 人，这或许能说明店主对自己的服务质量缺乏自信。"

表述自己看法的过程中，我一直小心翼翼地观察着天羽小姐的表情。她全程都在微微点头，看来我没说错什么。

"但这只是我的个人看法，就这样下结论真的好吗？"
"不好。"

否定得很干脆。

"但是别误会，你的解释还是很不错的。但顾客与店主的意见之间是否存在显著偏差，我们还得从客观角度加以判断。"
"您是指……"
"当然是独立性检验。"
"用刚才讲的卡方检验吗？"
"对。动手之前先来确认一下假设。首先是零假设，**店主与顾客的回答是独立的**。这里的独立是指'店主与顾客的回答跟他们的立场完全没有关系'。"

"那么，不独立又是指什么呢？"

"指店主与顾客的意见受各自立场的影响。说白了就是店主和顾客的意见不同。你在刚才那条代码的右端再加一个管道运算符，右边写上chisq.test，然后再执行一下看看。"

```
> survey %>% select(立场，回答6) %>% table %>% chisq.test

    Pearson's Chi-squared test

 data:   .
 X-squared = 55.489, df = 3, p-value = 5.4e-12
```

看来，RStudio 可以通过管道运算符从左至右依次执行命令。虽说输出结果是英文这点我还不大适应，但已经能看懂 p-value = 5.4e-12 表示 P 值为 5.4e-12 了。至于 e-12 这个奇怪的符号，它表示前面数字的数量级，所以 5.4e-12 就意味着要把 5 和 4 之间的小数点向左移动 12 位，即 0.0000000000054。这个概率几乎等于零，显然属于不足 5% 的情况。

"这是说有显著偏差吧？"

天羽小姐点点头，用中指推了推眼镜。

"没错。于是现在要抛弃零假设，采信备择假设。简而言之，就是店主和顾客对商业街的印象不同。嗯？你写什么呢？"

"呃，刚才用的那个方法我怕忘了，正在做笔记。"

我在常用的笔记本上又加了一句"频率数据要制成列联表，然后进行独立性检验"。

● 俵太整理的数据：商业街问卷调查的分析

1. 生成立场与回答 6 的列联表

⇒在 RStudio 中输入 survey %>% select(立场，回答6) %>% table 并执行

2. **零假设"立场与回答 6 的回答相互独立"**

　　⇒即店主与顾客的回答没有偏差

3. **独立性检验（卡方检验）**　　　　　　⇒在 RStudio 中是

　　　　　　　　　　　　　　　　　　　　chisq.test

4. **观察结果中的 P 值发现有显著偏差**　⇒抛弃零假设

5. **立场与回答 6 不相互独立**　　　　　　⇒店主与顾客对商业街

　　　　　　　　　　　　　　　　　　　　的期待有所不同

　　"其实吧，正常的顺序应该是先提出假设，然后再进行问卷调查或实验来检验假设是否成立才对。"

03-07　这是搞啥

　　"另外确实如你所说，顾客们对'服务态度'的满意度很高，店主们却认为自己的服务还不够到位。"

　　"这是为什么呢?"

　　"唔，这个呀……"

　　我这才发现对桌坐着逸子小姐。刚才为了跟上天羽小姐的实地指导，我调用了全部脑细胞，根本没注意到逸子小姐已经回来了。

　　"你想嘛，现在有很多顾客不愿意被店员问长问短的。过去，都是店里人主动跟顾客搭搭话，问问这问问那，然后推荐些顾客可能喜欢的商品。但现在不能这么做了，所以那些古板的店主们会觉得自己怠慢了顾客，对顾客招呼不周。"

　　确实是这样。包括我在内，也对进店就问年龄问职业的做法很是无语。但放到过去，店主与顾客之间或许正是通过这些交流建立信任，从而达到双赢的局面。

　　"正好，趁这个机会把回答 7 也分析一下，看看店主和顾客在吉祥物的选择上是不是也有分歧。"

天羽小姐单手往我背上用力一拍，似乎是让我再从头来一遍。

呃，数据已经加载到 RStudio 里了，名称是 survey，现在要指定**立场和回答 7** 这 2 列，这么写应该没错。

```
survey %>% select (立场, 回答7)
```

再在后面接上 table 函数，生成这 2 列的列联表。

```
> survey %>% select(立场, 回答7) %>% table
```

最后敲 Enter。

	回答7		
立场	传统吉祥物	萌系美少女	无回答
店主	3	97	0
顾客	39	36	28

"这是搞啥!?"

听到天羽小姐一声惊呼，我还以为自己弄错了什么，吓得缩起了脖子。可定睛一看，貌似跟我没什么关系。对面的逸子小姐见状也离开了自己的座位，过来瞅了瞅我的电脑屏幕。

"咦？几乎所有店主都选了萌系美少女耶……"

逸子小姐和天羽小姐面面相觑。

"这肯定是朔太郎干的。"

"朔太郎?"

"就是玩具店的少掌柜兼商业街会计负责人，还是商业街的头号宅男……"

逸子小姐咯咯地笑着。

"这帮人居然把朔太郎说的话当真。"

天羽小姐一脸不爽。

"姑且检验一下？"

"你傻啊？别管这玩意了。顾客和店主的意见明摆着有分歧，这不用做检验也能看出来。何况这数据根本不能用卡方检验。没填答案的顾客太多了。就算退一万步讲，把无回答的部分忽略掉，店主那边支持传统吉祥物的也只有 3 个人。数据分析有一个很简单的标准，只要列联表中存在不足 5 的频数，就要尽量避免使用卡方检验。"

"那咱们究竟该怎么跟商业街会长说呢？"

逸子小姐歪着头说道。

"顾客的回答基本是两边一样多，选哪个都不合适。话又说回来了，有这么多问卷压根没填答案，证明顾客对这东西并不感兴趣。结合刚才的回答 6 来看，他们期待的反而是促销。所以我觉得，与其在吉祥物这种无聊的玩意儿上浪费商业街的预算，不如老老实实地搞一些打折促销来得实在。真要命，会长老大不小的了究竟在琢磨什么呢？"

"是呢。要把樱田先生叫来吗？"

天羽小姐点了点头。我脑中隐约浮现出樱田会长缩着脖子挨天羽小姐骂的模样。

"喂，俵太，别在那边傻笑了。你回头去帮会长一起策划个正经点儿的调查方案出来。"

突然接到这么个任务，我瞬间懵了。

"我……我不行啊。我上学的时候也从来没做过调查。"

"商业街的店主们也不比你好到哪去。但他们很忙，哪像你这么闲。所以你去找几本书学学，然后趁这机会实践一下。又不是让你拿到学会去发表，只要够给商业街的店主们做个参考就行了。"

"就是啦。总之先试试看呗。"

结果连逸子小姐也在"怂恿"我。话说回来，总经理对普通员工说"你这么闲"也算是奇闻一件了吧？我脸上虽然不情不愿，但这情况也由不得我不点头了。

天羽总经理的**统计学指南**

●**数据的录入方式**

每个测定对象占一行，自上而下排列。每个测定值占一列，自左至右录入。举个例子，现在要录入某初中 2 个科目的期末考试成绩，此时最好不要每个科目都做一张表。

↓不要这样！

科目	相川	石川	上田	江藤		科目	相川	石川	上田	江藤
数学	33	55	77	11		语文	88	66	44	22

↓这样 OK！

姓名 ＼ 科目	语文	数学
相川	88	33
石川	66	55
上田	44	77
江藤	22	11

此外，在进行问卷调查时，要避免出现让答卷者难以抉择的问题或选项。比如"经常光顾"中的"经常"，具体光顾多少次才能算是"经常"，不同答卷者会有不同的标准。所以，这种情况应当用"1 周 5 次以上"之类明确的次数作为选项，让答卷者从中进行选择。

●**列联表**

这是对照 2 个属性时所用的统计表。属性在数据分析中也称为名义尺度，简单说来就是表示分类的数据，或者"男或女""支持或不支持"这种选项。选项又称为水准，比如男女就是 2 个水准。列联表的意义就是将 2 个名义数据的水准组合在一起，统计每种组合对应的人数或个数。

●独立性检验（卡方检验）及其方法

这是一个分析列联表的 2 个属性之间是否存在关联性的方法。举个例子，当我们怀疑"男性对 A 候选人的支持率超过女性"时，就可以用独立性检验来进行验证。用数据分析的术语来讲，如果 2 个属性之间具有关联性，就称为"不相互独立"。至于检验方法，首先要提出零假设，即"2 个属性相互独立"。比如上面这个例子的零假设就是"男女对 A 候选人的支持率相等"。在接下来的检验中，我们将通过数学方法计算该假设成立的概率。

如果概率不足 5%，则抛弃零假设，采信备择假设。备择假设是指"2 个属性不相互独立"，对应到例子中就是"男女对 A 候选人的支持率不相等"。如果概率大于等于 5%，则保留零假设，认为"男女对 A 候选人的支持率基本相等"。

本章出现的 ℛ 代码

●加载数据

加载名为 sample.csv 的数据并以 dat 为名称保存，其命令如下。

```
> dat <- read.csv ("sample.csv")
```

还可以用下述方法从对话框中选择文件。

```
> dat <- read.csv (file.choose())
```

● table 函数

这是用来生成列联表的函数。

```
> table (dat)
```

```
     RES
SEX  N  Y
  F  8  6
  M  5  7
```

●管道处理与 dplyr 程序包

现在我们用"管道处理"实现上面的效果。首先给 RStudio 安装 dplyr 程序包，添加额外功能。

```
> install.packages ("dplyr")
```

dplyr 是数据科学家 Hadley Wickam[①] 开发的扩展功能，其

[①] Hadley Wickham 是 RStudio 的首席科学家以及 Rice University 统计系的助理教授。他是著名图形可视化软件包 ggplot2 的开发者，以及其他许多被广泛使用的软件包的作者，代表作品如 plyr、reshape2 等。——译者注

中包含许多好用的函数，让 R 能够更高效直观地操作数据。它有一种奇特的功能——管道运算符。借助管道运算符，我们可以一次性执行一连串数据处理。dplyr 如今已受到全世界众多 R 用户的推崇，其普及率也在日益上升。

举个例子，用管道运算符求 1 到 6 的整数的平均值（这里将 mean(1:6) 视为传统方法）。

```
> library (dplyr)
> 1:6 %>% mean
```

```
[1] 3.5
```

有了这一功能，前面例子中的 table(dat) 可以改写成下面这样。各位可以想象成用 %>%（管道运算符）让数据从左边"流向"右边。

```
> dat %>% table
```

```
    RES
SEX  N  Y
  F  8  6
  M  5  7
```

● chisq.test 函数

这是进行独立性检验（卡方检验）的函数。举个例子，现在要分析男女对 A 候选人的支持率是否相等。

```
> chisq.test (dat2)
```

```
    Pearson's Chi-squared test with Yates' continuity correction
data:  dat2
X-squared = 0.15476, df = 1, p-value = 0.694
```

　　这里的 *P* 值超过了 5%，所以保留零假设"男女对 A 候选人的支持率是独立的"。

　　卡方检验同样可以通过管道处理来执行。这里我们借助正文中商业街调查问卷的例子，看看店主与顾客的意见之间是否具有显著偏差。其执行方法如下。

```
> survey <- read.csv("survey.csv")
> survey %>% select(立场, 回答6) %>% table %>% chisq.test
```

```
    Pearson's Chi-squared test

data:  .
X-squared = 55.489, df = 3, p-value = 5.4e-12
```

　　结果不足 5%，所以抛弃零假设"顾客与店主的意见无显著偏差"，采信备择假设"顾客与店主的意见存在偏差"。使用管道运算符处理数据时，通常会连用多个 %>%。上面执行的命令就是一个典型。

　　「survey %>% select(立场, 回答6) %>% table %>% chisq.test」

　　现在我们用文字给上面这一连串处理做个补充说明。

　　"数据名 %>% 选择待分析的列（select）%>% 生成列联表（table）%>% 对列联表执行卡方检验"

● Code03-01 生成条形图（P.108）

　　实际上，用下面这个命令就可以绘制出简单的条形图（即柱状图）。

```
plot (table1)
```

　　但本书中的图表更加美观，使用的是 `ggplot2` 程序包。其执行方法如下。

```
> library(ggplot2)
> table1 %>% as.data.frame %>% ggplot(aes (x = 立场, y = Freq, fill
 = 回答6)) + geom_bar(stat="identity") + ylab("人数")
```

　　我们用"+"连接了 `ggplot()` 和 `geom_bar()` 这2个函数。这是先用 `ggplot()` 指定了数据以及 *X*、*Y* 轴对应的变量，然后在这个基础上借助 `geom_bar()` 将柱状图重叠在了一起。

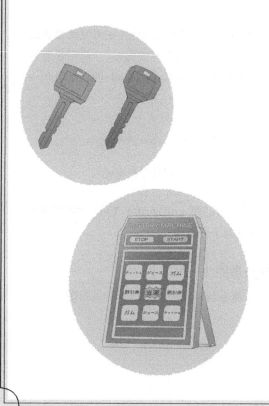

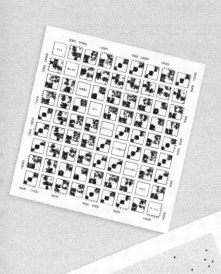

酒馆的热销菜品之饭团，探究其销售额下滑的原因

04-01 樱田先生的酒馆

第二天午后，我来到樱田先生经营的酒馆。原因很简单，天羽小姐让我来帮樱田先生调查商业街销售额的动向。

"这又不是说调查就能调查的。"

坐在吧台靠里位置的樱田先生苦笑着说道。酒馆下午 4 点才开始营业，现在整间店只有我们头上一盏荧光灯亮着，显得有几分昏暗。

"可是，您不是说要调查车站商场开放后的影响吗？"
"商业街的客流跟以前比倒是没什么变化，只是有几家店表示销售额有所下滑。不过目前看来，还没有什么太严重的问题。"

外面天色尚早，樱田先生却已经开始自斟自饮了。他拿起啤酒瓶也要给我斟一杯。但仔细想来，倘若自己满身酒气回到公司，恐怕就不会是挨拳头那么简单了。于是我用手遮住杯口，郑重地回绝了他的好意，同时摆出一副哀求的神情看着他说道：

"那我也不能就说一句'啊，那就这样吧'，然后两手空空地回去吧？到时候，天羽小姐肯定说'你白长这么大了？人家让你回来你就回来'然后给我一顿胖揍。您就当行行好，救我一命吧。"
"爽！好酒！"

樱田先生一口气喝干杯中的啤酒，抬起左手擦了擦嘴，满脸写着"关我啥事"。

"可你也得知道，商业街不久之前刚做过问卷调查，不能这么快就再来一次吧？"
"这可真让人发愁……"
"嘿，发愁的是你不是我。"

樱田先生把自己撇得一干二净，端起杯子继续享受。

"但话说回来，之前你也帮过我不少忙。得了，这次我就帮你出出主意。"

他把杯子放到吧台上笑着说道。我碍于面子也跟着笑了笑，但脸色恐怕不会太好看。

话说回来，我还是第一次踏进樱田先生的酒馆。我们现在坐在吧台。吧台对面是一处榻榻米地台，铺着榻榻米地垫，上面摆了三张桌子，每张估计能坐四五个人。桌与桌之间被竹雕屏风隔断。酒馆入口处摆了四张桌子，不同的是这边没有榻榻米，客人落座前不必脱鞋。一旁的吧台前有 10 把单脚圆椅。整间酒馆算下来，同时容纳 40 人不成问题。

"樱田先生您的店最近怎么样?"

"虽说不如以前了，但还过得去。每到周末晚上都是座无虚席，客人多到忙不过来，最近正琢磨着多招几个打工的呢。"

我把墙上贴的菜单粗略看了一圈。

"您这菜品挺多的，准备起来得费不少劲吧？"

"看着多罢了，总共加起来也就 40 种左右。况且人们常点的也就那么几种，只要把这个摸清了，准备起来不会太费事。"

"这个是凭经验吗？"

"差不多吧。毕竟我开酒馆都 30 年了。"

"就像'今天比较热，所以会有更多人买啤酒'这种？"

"你说的这个连外行人都懂，我可是个行家，里面窍门还多着呢。"

"看来您这店里完全没问题嘛。"

我不禁叹了口气。听到这个，樱田先生刚刚送到嘴边的杯子停了下来。他扭过头来盯着我的脸说道：

"倒是有个算不上问题的问题。"

04-02 酒馆的销售额

"怎么样，想到什么好点子没？"

回到公司，只见天羽小姐眼镜支在头顶，正靠在沙发上读书。她看到我回来，二话不说先问了这么一句。

"呃，这个嘛……其实樱田先生委托了件别的事。"

"啊？这次又是什么事儿？"

说着，天羽小姐眉间竖起了川字纹。我胆战心惊地坐到她对面。

"说是酒馆菜品的销售量出现了奇怪的变化。"

结果天羽小姐对此嗤之以鼻。

"变化?"

"嗯,他家菜单里常年都有饭团,对吧?"

"就是樱田整天吹'我这海苔和盐可是有讲究的'那个饭团呗?"

"是的。据说这饭团长期以来一直挺受欢迎,但最近几个月的销量和去年同期相比少了约 2 成。"

"我看这事儿没啥悬念,八成是因为他换了海苔或盐,搞得味道不如以前了。"

她摘下眼镜,一边拿眼镜布擦拭镜片一边不耐烦地说道。天羽小姐的眼镜上挂着眼镜链,链子从后颈垂到胸前。

"不,他说从来没换过材料。听说以前很多客人都喜欢喝完酒吃一个再走的。"

"那你把销售额的数据拿回来了没?"

"啊,拿了。这半年左右的数据都存在 Excel……啊不对,是存在制表软件里了。"

"啧。"

天羽小姐一声咋舌吓得我身子凉了半截。

"唉,麻烦死了。"

她重新戴好眼镜,慢慢站起身走向办公室的门,顺便还打了一个大大的哈欠。我见状赶忙跟了过去。

进门,天羽小姐从自己的位置上拽过椅子,一屁股坐在了我的桌边。看来今天还是要我来操作。

"是什么样的数据?"

天羽小姐在一旁催我,但 Windows 的启动速度很不给面子。

"我也还没看过呢。您等一等,我这就打开文件。"

系统一进到桌面，我赶忙插上 U 盘，双击从樱田先生那里复制过来的 .xlsx 文件。熬过 Excel 那格外漫长的启动画面之后，数据终于出现在了我们眼前。

	A	B	C	D	E	F	G	H	I
1	Item	2015/3/1	2015/3/2	2015/3/3	2015/3/4	2015/3/5	2015/3/6	2015/3/7	2015/3/8
2	乌冬面	8849	6063	6060	6283	7138	9264	7987	9232
3	关东煮	4046	3437	3191	3499	3536	3841	4249	4557
4	饭团	23698	19505	19974	18208	19624	23872	24882	25267
5	点心	7072	4857	4572	5316	4990	6926	5840	6926
6	大阪烧	5895	4262	4538	4242	4125	6043	5255	5682
7	茶泡饭	12751	8881	10006	9480	9752	12534	12404	12500
8	炸鸡	9994	7033	7519	7352	7033	9718	10387	10365
9	米饭	7479	5626	5017	5009	5451	6694	7138	7839
10	烤肉	2775	2103	2078	1843	1831	2818	2541	2555

图 04-01
樱田先生家的店铺销售额（yingtian.xlsx）

"行是菜品，列是日期。原来是今年 3 月份以来的数据啊。"

"貌似是的。记得还真详细。"

"另外，我很讨厌这种每个日期占一列的写法。"

"这种录入方式有问题吗？"

"倒不是有问题，这种格式在记录时间序列数据的时候很常见。"

"时间序列？"

"举个例子，你看乌冬面的销售额，是按日期先后顺序记录的吧？这种把某个对象按时间顺序进行记录的方式就叫**时间序列**。人们用 Excel 的时候喜欢让每个日期占一列，但让数据分析软件加载数据的时候最好把日期变成纵向的，因为这样用起来会方便很多。"

"纵向？"

"对。我给你演示一个。它会变成这样。"

话音刚落，天羽小姐已经伸手敲完了代码，按下了 Enter 键。

	品名	日期	销售额
1	关东煮	2015-03-01	4046
2	关东煮	2015-03-02	3437
3	关东煮	2015-03-03	3191

4	关东煮	2015-03-04	3499
5	关东煮	2015-03-05	3536
6	关东煮	2015-03-06	3841

"就是专门做出一列用来记日期吗?"

天羽小姐点了点头。

"然后咱们来看看饭团销售额的时间序列。这种时候图表是最直观的。"

她继续敲键盘。

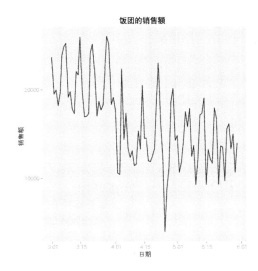

图 04-02
饭团销售额的线形图
(⇒ Code04-01)

"这是线形图吧?"

"是时间序列图,也就是横轴代表时间轴的图。这图画起来很简单,先从左边的 3 月 1 日开始,根据纵轴点出每天销售额所在的位置,再用线段从左至右依次连接各个点就行了。图中折线整体呈下降趋势的地方,就表示这段时间内销售额有所下滑。比方说现在这张图,大致看一下就会发现，4月份以后折线整体向右下方走了。"

"这是饭团销售额的图吧？那就是说，从4月份开始，点饭团的人就变少了？可是折线为什么上下波动得这么厉害？"

"因为周末的销售额会上涨。"

"啊，折线突然上升的地方原来是周末。那么突然下降的地方就是周一了吧？哈哈，这图还真是精细。"

"再来看看米饭类菜品的销售情况吧。"

"茶泡饭、炒饭之类的吗？"

天羽小姐一边点头一边敲着键盘。

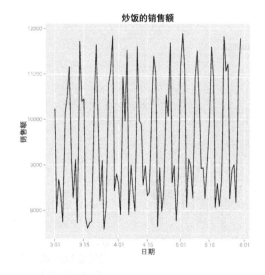

图 04-03
炒饭销售额的线形图
（⇒ Code04-02）

"上下波动跟之前那个一样剧烈，但看不出有整体向上或向下的趋势啊。"

"确实。看来这段时间内米饭类菜品的销售量没有太大变化。既然这样，应该是面条了。"

还没等我做出回应，天羽小姐就三下五除二地画好了图。

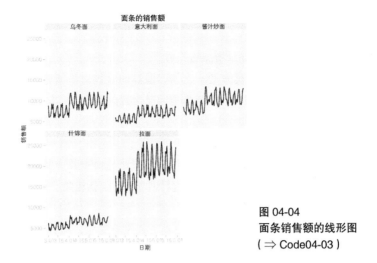

图 04-04
面条销售额的线形图
(⇒ Code04-03)

"从 4 月份开始每种都涨了一点。"

"貌似的确是这么回事。但樱田先生说他没改过味道也没换过材料啊。"

"唔,按理说很少有人会米饭面条一起点,所以一边增加了,另一边会减少倒也正常。"

"总之这就是原因了吧? 因为面条销量变好了! 啊,好痛!"

右侧一个拳头飞来,正中我的太阳穴。

04-03 伪相关

"异想天开。虽然饭团的销售额和面条的销售额看上去有关系,但这是伪相关。"

"伪相关?"

我揉着太阳穴问道。

"两种数据相互之间存在关联称作**相关**。最典型的情况就是一方为原因，另一方为结果。"

"就像气温高和啤酒销量增加的关系？"

"对。还有些相关是反着的。比如气温高的时候火锅销量会下降，对吧？这种一方增加导致另一方减少的情况称为**负相关**。双方同时增加的称为**正相关**。"

"饭团和面条不算负相关吗？"

"它们确实相关，但不属于因果关系。应该是由于其他某种原因，饭团和面条的销售额才产生了变化。这种情况就称为**伪相关**。"

"那原因究竟是什么呢？"

"要调查的不就是这个吗？既然食物方面没有变化，那么变化应该出在别的方面，或者店周围发生了什么能导致饭团销量下滑的事。你有什么头绪没？"

"车站商场的事吗？"

"我倒是没听说车站商场那边有哪家店的饭团做得好吃。至于商业街这边，也就今年春天开了一间床上用品店。但这个和酒馆的饭团销量根本是八竿子都打不着的事儿。"

"所以还是该在樱田先生的酒馆身上找原因咯？"

"话是这么说，但咱们手里只有商品销售额的数据。像换没换打工的店员、改没改菜单顺序之类的问题，现在是一概不知。"

天羽小姐歪头思索了一会儿，随后动起鼠标，做了一串我看不懂的操作。

"这回又是什么？"

"我要做个**散点图矩阵**。"

"啥？"

我把脸贴近屏幕，只见显示图表的窗口中密密麻麻地排列着许多小图表，乍一看跟格纹床单似的。

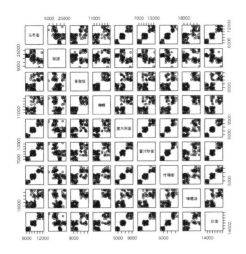

图 04-05
散点图矩阵（⇒ Code04-04）

　　"窗口里的这些图，是各种食品的销售额两两对比后得出的散点图。比如左上这张，它单拿出来是这个样子。"

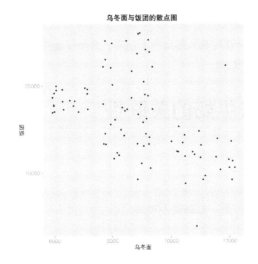

图 04-06
乌冬面与饭团的散点图
（⇒ Code04-05）

　　"这张散点图的横轴表示乌冬面的销售额，纵轴表示饭团的销售额。图中的每个点都对应着它们在某一天的销售额。比如最接近原点的这里——对了，散点图的原点在左下角——它表示乌冬面的销售额为 6000

日元，而同一天，饭团的销售额是 16 000 ～ 17 000 日元。"

"居然每天能赚将近 20 000 日元，没想到饭团这么受欢迎。"

"因为樱田他家还搞饭团外卖。言归正传，这图里的点集中在左上到右下这条线上，对吧？"

"您这么一说我也发现了。"

"这表示乌冬面和饭团的销售额是相关的。也就是，乌冬面卖得好的日子饭团销售额会下降。"

"我懂了，您是把店里的菜品两两配对，然后为每一对都做了散点图吧？但这个东西是用来干什么的？"

"看看 3 月份以来有没有什么菜品跟饭团的下滑趋势相反，反而卖得更好了。"

"啊，原来如此。这类图的点都是从左上到右下呈带状分布的。只要整体看一下，把符合这个特点的图找出来就行了吧？"

"这叫可认定为负相关的图。它们或许跟饭团销售额下降有着某种联系。"

听到这里，我把自己全部注意力都集中了起来，开始仔细端详屏幕上这个叫"散点图矩阵"的玩意。

04-04　饭团与牛奶的关联性

"是牛奶吧。"

"什么？"

"这边这张牛奶和饭团的图，总感觉不对劲。"

我指了指矩阵角落，那里是饭团与牛奶的相关图。

"确实，饭团和牛奶存在负相关。但这又不是小学的配餐，谁会拿牛奶配米饭啊？俵太，你去酒馆会要牛奶喝？"

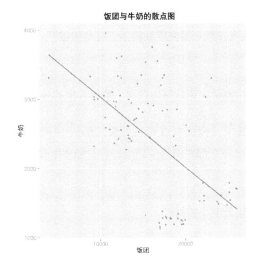

图 04-07
饭团与牛奶的散点图
（⇒ Code04-06）

"不，我肯定不会。但有些客人会带着孩子来，还有些客人根本就不喝酒啊。所以肯定会有人点吧？"

"咱们先看看牛奶销量的变化。"

天羽小姐飞快地敲着键盘，屏幕上很快出现了另一张图。

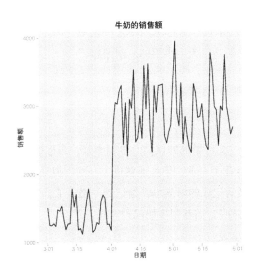

图 04-08
牛奶的销售额
（⇒ Code04-07）

"这个是叫时间序列图来着吧……"
"没错。奇怪，牛奶从 3 月底开始突然好卖了。这是为啥？"
"我去问一下。"

说罢，我从口袋中拿出电话，走到窗边拨通了樱田先生的号码。

"啊，刚才真是谢谢您了。我这有点事想再跟您确认一下。是的，就是销售额的事。您家店里一直都在销售牛奶吗？啊，原来如此，我懂了。好的，等您的电话。"

挂掉电话，我走回来跟天羽小姐报告。

"樱田先生那边一直都有卖牛奶，但是从 3 月起多了种牌子，自那以后牛奶销量就上去了。他说找发票确认一下再回电话。"
"莫非是带孩子的顾客增多了？但这也不该影响饭团的销量啊。孩子点米饭类菜品一般会选咖喱，毕竟他家店的咖喱也挺好吃的。"

天羽小姐嘴里嘟囔着，双手继续操作电脑，貌似是在查咖喱的销量。这时我的电话响了。

"喂，啊，您好。啥？米奶？可那东西不是牛奶吧？啊，打工小哥的主意？好吧。总之我会转达给天羽小姐的。谢谢您。"

一旁的天羽小姐满脸惊讶地看着我问道：

"米奶是什么玩意？"
"是一种把大米磨碎过滤后做成的饮品，也叫米浆，最近挺流行的。打工的店员给樱田先生推荐了一下，于是他就进了一些。但是樱田先生以为是新牌子的牛奶，最后记账的时候也都给记到牛奶里了。"
"这说白了不就是稀粥吗？居然跟牛奶混到一起去了。"
"所以到底是怎么回事呢……"

"点米奶的客人里女士居多吧?"

"我觉得应该是。"

"估计有一部分常点软饮料的客人也改点米奶了。然而这东西就是稀粥,没有人会喝完粥再点米饭类的菜品吧?"

"要点也是点面条吧?"

"至于是不是全都去点面条了,这个还要仔细调查才能下结论。不过,那家店的拉面和炒面我实在不敢恭维。唔……点了米奶的客人会转去点什么呢? 这个查起来貌似有点意思。"

"确实。调查相关性的过程中总能有些意外发现呢。"

"另外,'点米奶的客人里女士居多'只是我的猜测,正确与否还需要通过数据分析来验证。数据分析可以通过客人的年龄和性别判断其会不会购买某个商品,也可以通过周几和天气来推测某种商品的销售额。这类分析中全都运用了'相关'的知识,它们称作回归分析。"

"好厉害啊。"

然而天羽小姐打了个大大的哈欠,把我的感叹当成了耳边风。

"我今天玩腻了,回归分析改天再给你讲。你先去把'相关'的知识复习一遍。"

"复习……可我还基本什么都不懂啊。"

"逸子出去办事应该快回来了。到时候你去找她,让她教你相关系数。"

"啥? 相关系数?"

见天羽小姐转身要走,我赶忙上前追问。可她却全然无视,快步走去了接待室。

04-05 相关与相关系数

"情况就是这样，所以拜托您教教我'**相关**'的知识吧。"

逸子小姐回到公司，屁股刚刚沾到对面的座位上，我就迫不及待地上前搭了话。不知道刚才发生过什么的逸子小姐自然是一脸莫名其妙。于是我把酒馆饭团销量下滑的事又说明了一遍。

"诶？相关？我去商业街做现状调查才刚回来，都快累死了啦。"
"啊？什么现状调查？"
"这个还是回头再给你讲吧。唔，'相关'你想学到什么程度，会画散点图就行了？"

逸子小姐歪着脑袋问道。

"刚才天羽小姐还提到了'相关系数'什么的。"
"阿幸是讲到一半没继续往下讲啊。我懂了。"
"很难吗？"
"相关嘛……观察散点图，如果点从左下到右上呈带状分布，那么这2个数据就是正相关。这部分阿幸讲了吗？"
"讲了。还讲了从左上到右下分布的是负相关。"
"嗯。但这只是我们通过肉眼观察所做出的判断吧？"
"是的。这样不行吗？"
"毕竟眼睛看到的只是一种印象嘛。要知道，每个人对印象的判断标准都不一样。"
"可是刚才天羽小姐给我看的那些图，我觉得换谁来看结论都一样啊。"

逸子小姐"唔"地思考了一下说道："稍等一下哈。"随即打开了自己的电脑。

"有些数据光看图是判断不出来的。比如你觉得这张图怎么样？"

"这张图的横轴是**身高**，纵轴是**年收入**。你觉得它们相关吗？"

"像是相关，但又觉得不太相关……"

"是吧？就算你看了以后坚持认为它们相关，我也会说它们不相关。"

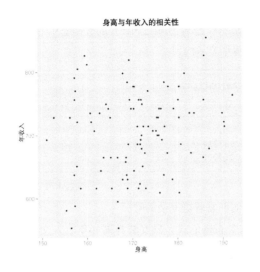

图 04-09
相关还是不相关

"既然逸子小姐说不相关，那就应该是不相关吧。"

听到我这句，逸子小姐咯咯地笑了起来。

"瞧吧，连你自己都觉得模棱两可。所以有时候用数字判断比用图判断更好。这就要用到相关系数了。"

"要算啊？"

我脸上一阵抽搐。

"没错，这个手算的话能累死人。"

逸子小姐摆出一副苦瓜脸。

"但是现在有了软件，算起来很轻松的。咱们现在就拿这张图为例，把其中 X 与 Y 的关系数值化。"

说着，她在键盘上轻轻敲了几下，还没等我细看她怎么操作的，RStudio 上就已经显示出了一堆数值。

"这次还是用管道运算符，给名为 heights 的数据套用 cor 函数。cor() 函数的作用是检查相关系数。"

```
> heights <- read.csv("heights.csv")
> heights %>% cor
```

	身高	年收入
身高	1.0000000	0.1885314
年收入	0.1885314	1.0000000

"诶？这就出来了？明明看着挺复杂的呀。"

"那是你没看懂它这个表格形式。只要看**身高**和**年收入**交叉的那项就可以啦。这里算出来大约是 0.18，就是说基本没有相关性。"

"数越大相关程度越高吗？"

"这个数只会在 –1 到 1 之间变动。越接近 –1 意味着负相关程度越高，越接近 1 则意味着正相关程度越高。"

"我想先问一下，这个数是怎么算出来的？"

听我这么一问，逸子小姐并没有直接作答，而是微笑着打开浏览器输入关键字，找出了维基百科的页面。

定义

假设有一个由2组数值组成的数据列 $\{(x_i, y_i)\}(i = 1, 2, \cdots, n)$，则它们的相关系数可通过下述方法求得。

$$\frac{\sum_{i=1}^{n}(x_i - \overline{x})(y_i - \overline{y})}{\sqrt{\sum_{i=1}^{n}(x_i - \overline{x})^2}\sqrt{\sum_{i=1}^{n}(y_i - \overline{y})^2}}$$

其中，$\overline{x}$、$\overline{y}$ 分别为数据 $x = \{x_i\}$，$y = \{y_i\}$ 的算术平均值。

从本质上讲，相关系数是下述矢量所形成的夹角的余弦值。这些矢量表示各数据到平均值的偏移程度。

$$x - \overline{x} = (x_1 - \overline{x}, \cdots, x_n - \overline{x}),$$
$$y - \overline{y} = (y_1 - \overline{y}, \cdots, y_n - \overline{y})$$

另外，上述公式等同于协方差除以二者的标准差。

（引自https://ja.wikipedia.org/wiki/相関係数）

图 04-10
相关系数的定义（引自维基百科）

"我还是不研究了。"

"你看你……简而言之，就是检查 2 组数据的离散情况是否一致。你先这么记下来，等以后学深了再去重新了解就好啦。"

说完又咯咯地笑了起来。

"我暂且先把这些记到本子上。"

●俵太整理的笔记：相关系数

相关系数　　　　　衡量 2 组数据相关性的数值
　　⇒散点图虽然重要，但不能仅凭视觉下定论
相关系数为正时　　一方增加另一方也跟着增加
　　⇒散点图中的点阵从左下向右上延伸
相关系数为负时　　一方增加另一方相应减少
　　⇒散点图中的点阵从左上向右下延伸
计算起来很复杂　　它是衡量 2 组数据的离散程度是否一致的数值
　　⇒不必关心，统计软件会自动计算出结果

"这个相关系数呀，是用刚才那个公式算出来的数值，它代表了 2

组数据相关性的强弱。至于数值大还是小，要参照这个表进行判断。"

表 04-01　相关系数的判断基准

相关系数	相关程度
−1.0 ~ −0.7	强负相关
−0.7 ~ −0.3	弱负相关
−0.3 ~ 0.3	不相关
0.3 ~ 0.7	弱正相关
0.7 ~ 1.0	强正相关

"确实，用数字做判断就能避免意见分歧了。这么说的话，画散点图岂不是没用了？"

"不会不会，画散点图还是很重要的。比方说吧，你觉得这个图怎么样？"

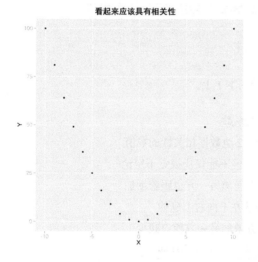

图 04-11
然而相关系数为 0 吗
（⇒ Code04-08）

"看着貌似有相关性啊？"

"对呀。但这 2 组数据的相关系数计算出来是 0 哦。其实相关系数这个东西吧，代表的是 2 组数据之间线性关系的强弱。但是，2 组数据之间的关系不一定是线性的。就比方说这张图，里面虽然不是直线，但横轴的数值跟纵轴的数值显然存在某种关系。由于存在这类情况，所以画散点图还是很重要的。只有从散点图中能看出数据的离散程度呈线性时，才会用相关系数来判断强弱。"

"话说在 RStudio 里怎么求相关系数啊？"

"这样就行。"

```
cor (数据1，数据2) #管道处理则是数据 %>% cor
```

"在圆括号中指定 2 个数据就行吗？好简单。"

"没错。软件能把这个复杂计算变得超简单。而且虽然简单，在判断数据相关性上还是会起很大作用的。"

"嗯，刚才我和天羽小姐探讨樱田先生家销售额的时候，就是一边比较相关图表一边研究问题的。"

"相关图表？你是说散点图吧？顺便一提，运用'相关'的知识还能预测销量走势哟。"

"啊，说起来天羽小姐提过回归什么的。"

"回归分析啊，我给你演示一下吧。稍等哦。"

04-06　预测冰激凌的销售量

逸子小姐把键盘和鼠标拉到身边，开始操作软件。

"我这里有这么一份数据。"

她打开一个 Excel 表单给我看。

	A	B	C	D
1	销售量	气温	日期	周几
2	45	2.3	2014/1/1	周三
3	126	3.3	2014/1/2	周四
4	109	8.7	2014/1/3	周五
5	48	4.2	2014/1/4	周六
6	62	4.4	2014/1/5	周日
7	129	9.1	2014/1/6	周一
8	59	5.4	2014/1/7	周二
9	35	0.2	2014/1/8	周三
10	47	1.9	2014/1/9	周四

图 04-12
商业街冰激凌店的销售额
（icecream.csv）

"这不是商业街冰激凌店的销售统计吗？这台电脑里为什么会有这些数据啊？"

"这是从咱们公司的文件服务器上拖下来的。"

"文件服务器？"

见我一头雾水，逸子小姐指了指办公室的角落。那里安放着一个牢固的保险箱，高度大概与我的腰齐平。回想起来，保险箱里偶尔会发出窸窣声，我一直挺想知道里面放着什么。这会儿才搞明白，原来里面不是什么金银财宝，而是一台电脑……

"咱的文件服务器还真是戒备森严……"

"毕竟对咱们公司而言，数据就是财产嘛。这个保险箱用卡拉什尼科夫冲锋枪都打不烂的。"

"卡拉什……冲锋枪？会有人拿这么可怕的武器来袭击咱们公司!?"

逸子小姐既不肯定也不否定，只是咯咯地笑着。这反而让我心里更发毛了。

"咱们接着说，这份数据最左边一列是冰激凌店 1 天内销售冰激凌的数量，右边紧挨着的是当天的气温、周几、天气等。"

"话说，那家店知道咱们这有他家的数据吗?"

"可能不知道吧……嗨，这个不重要啦。关键是你觉得用这份数据能做什么?"

"呃，要是冰激凌店知道咱们有这种数据，肯定会对咱们有所怀疑吧？算了，总而言之，这份数据能拿来调查销售量与气温之间的相关性对吧?"

"对的对的。你对这份工作适应得挺快嘛! 咱们说查就查。"

"先画散点图吗?"

"没错。挺行的嘛!"

"嘿嘿。"

今天被逸子小姐这么一通夸，我突然觉得自己有点儿本事了。

"俵太，你来试试。"

"诶? 我吗?"

"我已把那份数据添加进去了，名称是 icecream。"

"是这样弄吧?"

```
icecream %>% plot
```

"不对，不能这样。plot() 必须指定 2 个数据来对应 X 轴和 Y 轴，

但 icecream 里面不止 2 列，所以要指定用哪 2 列才行。这种时候可以
用 selcet 函数。"

```
icecream %>% select (气温， 销售量) %>% plot
```

"嗯。还有一种方法你可能不太习惯，那就是用 ggplot2。像这
样……"

```
icecream %>% ggplot(aes(气温， 销售量)) + geom_point()
```

```
> icecream <- read.csv("icecream.csv")
> icecream %>% ggplot(aes(气温， 销售量)) + geom_point()
```

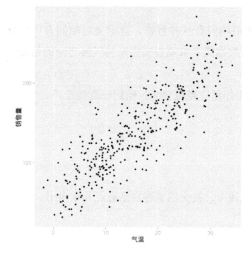

图 04-13
冰激凌销售量与气温的散
点图（⇒ Code04-09）

"成了!!"
"嗯，不错。接下来算相关系数吧。"

我光顾着得意，一时间没跟上逸子小姐的步调，迷糊了那么几秒。
好在这个并不难，只要用 cor 函数就行。总之，不管三七二十一先输进
去再说。

```
icecream %>% select (气温, 销售量) %>% cor
```

"这样可以吗?"

"嗯嗯,然后执行一下试试吧。"

我慢慢按下 Enter 键,随后 RStudio 的窗口中显示出了结果。

```
> icecream %>% select (气温, 销售量) %>% cor
```

	气温	销售量
气温	1.0000000	0.8442111
销售量	0.8442111	1.0000000

"刚才我就在想,相关系数这里除了 0.84 之外为什么还有一个 1.0……"

"气温与气温、销售量与销售量的相关度肯定是 1 嘛,这里只是顺便显示出来了而已。怎么样,能看出什么吗?"

"唔,这个嘛……气温与销售量的相关系数是 0.84,结合刚才那张表,应该判断为相关。"

"对的。咱们试试单凭气温来预测销售量吧。"

"这能行吗?"

"唔,肯定做不到百分百准确预测啦。"

"诶?"

"因为要不要买冰激凌,全看顾客当时的心情啊。"

"这倒也是。"

"而且除了气温以外,还有很多因素能促使人想吃冰激凌。比如前一天晚上看过的电视剧、路边看到的广告之类的。要想把这些因素全调查出来,可比登天还难。"

"那岂不是没法预测了?"

"这个倒也不是啦。干咱们这行的又不是神仙,不可能万能,所以这种时候要有所取舍。虽然影响销售量的因素有很多,但对于冰激凌店而言，气温的影响最值得关注。就算只有气温这一种数据，只要我们能一定程度上预测销售量，不就挺好嘛!!"

逸子小姐兴奋得两眼放光，小巧可爱的脸蛋直往我这边凑。我为了掩饰不断加速的心跳，只能在一边玩命点头。

"原……原来如此。"

"这种把现实简化的手法称作**模型化**。"

"模型？听着好难啊。"

"实际动动手就会发现没那么难了。好啦，咱们现在来执行回归分析，预测一下冰激凌的销售量!"

啪啦啪啦的一阵敲键盘声过后，逸子小姐微笑着把屏幕转向我。屏幕上输出了一堆数字和一张图表。

```
> lm(销售量 ~ 气温, data = icecream)
> icecream %>% ggplot(aes(气温,  销售量)) + geom_point(size = 2) +
geom_smooth(method = "lm", se = FALSE)
```

```
Call:
lm(formula = 销售量 ~ 气温, data = icecream)

Coefficients:
(Intercept)           气温
   57.167          5.216
```

"lm (销售量 ~ 气温 , data=icecream) 是干什么的?"

"lm 是 linear model 的简写，意思是'线性模型'。它是 R 用来做回归分析的函数。然后"销售量 ~ 气温"这部分，它指'通过气温对销售量进行回归分析'，说白了就是用气温预测销售量。刚才咱们提到了代表数据间关系的模型，这个东西在 R 里用波浪线（~）来表示。最后的 data=icecream 是告诉电脑现在用的数据是 icecream。当然这整个命令也能用管道运算符来执行，写成 icecream %>% lm (销售量 ~ 气温 , data=.)。"

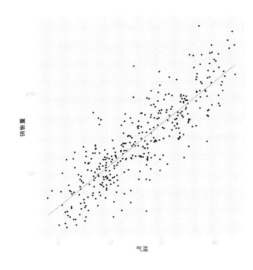

图 04-14
冰激凌销售量与气温的关系
（ ⇒ Code04-10 ）

"RStudio 输出的是'回归分析'的执行结果，你要是想知道原理的话，看这个图比较简单。"

"这是散点图吧？ X 轴是气温，Y 轴是销售量。可这正中间貌似多了一条线。"

"'预测'这事说得复杂，但归根结底就是求这条线哦。"

"诶？"

"举个例子，你从 X 轴上 25℃的位置开始向正上方画线，碰到这条直线后左转 90° 垂直画向 Y 轴，最后会落在 Y 轴上的 200 附近对吧？于是我们可以预测'气温 25℃的时候能卖掉将近 200 个冰激凌'。"

"噢，我懂了，貌似是这么回事。话说这条直线到底是什么？"

"是一元函数啦。嗯？ 俵太，你怎么愣住了？"

"那个……一元函数是什么来着？"

逸子小姐拿起铅笔在便签簿最上面写了一个算式。

$$Y = aX + b$$

唔，这个我貌似能看懂。

"Y 是纵轴 X 是横轴吗?"

"没错。给 X 随便代一个值进去就能算出 Y, 对吧?"

"对是对，可 a 和 b 是什么?"

"a 是直线的角度，叫作**斜率**。它决定了 X 增加 1 时 Y 能增加或者减少多少。b 是 X 为 0 时 Y 的值，叫作**截距**。"

"不知道 a 和 b 的话，给 X 代值也算不出 Y 啊?"

"a 和 b 已经知道了哟。"

逸子小姐指了指刚才 RStudio 输出的数据。

```
Call:
 lm(formula = 销售量 ~ 气温, data = icecream)

 Coefficients:
 (Intercept)        气温
     57.167        5.216
```

"这里的（Intercept）是截距，然后**气温**下面的数值是斜率。于是散点图里这条线的函数式为 Y = 5.2X + 57.2。所以当气温为 25℃时，Y = 5.2 × 25 + 57.2 = 187.52，表示冰激凌的销售量约为 188 个。"

"那这么看，回归分析就是一种计算截距和斜率的分析方法吗?"

"不止这点呢。咱们回到这幅图上来，直线是从点集中的地方穿过的吧?"

"你这么一说，我也发现了。"

"但是正好落在线上的点很少。假如这个一元函数的预测准确度是百分之百，那么所有点都应该落在直线上才对。"

"确实，从这种意义上讲，点和线是存在偏差的。"

"这是模型的极限了。由于咱们将情况简单化了，所以实际数据和回归分析的预测不可能完全一致。这也导致了散点图的点落不到直线上。"

"是说这结果不能用了吗?"

"要是所有点都离直线非常远,那么结果肯定不足为信。但像这幅图这样,点全都集中在直线附近的话,则可以认为它足够准确。其实这话的前因后果反了,因为电脑画的这条线,就是'与所有点偏差最小的直线'。这里用的方法叫**最小二乘法**,原理懂不懂无所谓,名字要先记住哦。"

"'最小二乘法',对吧?我记住了。"

这名字听着就让人不敢细问。总之先做笔记。

●俵太整理的笔记:模型化与回归分析

模型化　　　简化 2 组数据的相关性
　　　⇒简单地认为冰激凌的销售量只受气温影响

回归分析　　通过模型化,将 2 组数据的关联用一元函数表达出来
　　　⇒用函数式表示销售量与气温的关系

斜率　　　　X 增加 1 时 Y 的增减
　　　⇒气温上升 1 度时销售量的增量

截距　　　　X 为 0(不存在)时的结果
　　　⇒气温为 0 度时的销售量

最小二乘法　计算斜率和截距的方法
　　　⇒求穿过点阵的直线的函数式

"从图 04-14 上看的话,这个一元函数还算蛮准确的。咱们再来看看回归分析的输出结果吧。"

```
> summary (lm(销售量 ~ 气温, data = icecream))
```

```
Call:
lm(formula = 销售量 ~ 气温, data = icecream)

Residuals:
    Min      1Q  Median      3Q     Max
-93.841 -19.023  -0.118  16.703 100.156

Coefficients:
            Estimate Std. Error t value Pr(>|t|)
(Intercept) 57.1673     3.1086   18.39   <2e-16 ***
气温          5.2161     0.1738   30.01   <2e-16 ***
---
Signif. codes: 0 '***' 0.001 '**' 0.01 '*' 0.05 '.' 0.1 ' ' 1

Residual standard error: 28.07 on 363 degrees of freedom
Multiple R-squared: 0.7127, Adjusted R-squared: 0.7119
F-statistic: 900.5 on 1 and 363 DF, p-value: < 2.2e-16
```

"把刚才的命令用 summary() 括起来执行这点我懂，不过输出的数字好复杂啊。"

"我给你挑着重要的地方翻译一下吧，大概是这样……"

```
系数:
           推测值     误差     t值     概率（P值）
(截距)     57.18     3.11    18.4    <2e-16 ***
气温        5.22     0.17    30.01   <2e-16 ***
---
判定系数:   0.71
F-统计量:  900.5  自由度 1 及 363 ，概率: < 2.2e-16
```

"首先，截距和斜率统称为**系数**。说得高端一点也可以叫**参数**（parameter）。系数是分析软件根据数据求出来的，但这里无法求得完全正确的数值。"

"诶？这样吗?"

"或者说，根本不可能求出准确的截距与斜率。因为影响销售量的因素本就很多，气温只是其中一个，而我们却忽略了其他众多因素的影响，只把气温单独拿出来计算。所以不管统计软件再怎么优秀，也不可能准确找出气温对销售量的影响。它在这里能做的只是推测，然后告诉我们'这个推测的误差是多少多少'。"

"误差啊。"

"至于旁边的 t 值和 P 值，则是告诉我们推测值的正确程度。"

"呃，判断方法跟那个一样吧？由于 P 值不足 0.05，所以抛弃零假设，采信备择假设。可是这里并没有什么假设啊。"

"零假设是'斜率为 0'，备择假设是'斜率不为 0'。这里采信了备择假设，所以可知系数不为 0。"

"诶？斜率为 0？？零假设是'气温的系数为 0'吗？为什么啊？"

"唔，还记得什么是一元函数吧？"

"$Y = aX + b$ 吗？"

"没错。这个斜率 a 对于预测 Y 可是很关键的哟。"

"这我能理解。a 大了 Y 也会大。"

"要是 a 等于 0 呢？"

"呃，$Y = aX + b$ 的 a 如果等于 0，那么 X 不管取什么值 aX 都是 0 了。"

"对的。一旦 a 等于 0，Y 的值就与 X 没有关系了，它将永远都是 b。套用到冰激凌的问题上，就是不管气温 X 是多少，销售量永远都是 57.2 对吧？"

$$Y = 0 \times X + 57.2$$

"确实，X 不论怎么变 Y 都不会变。"

"正因为如此，作为分析者，我们希望有一个准确的结论来证明 a 不等于 0。所以我们要把'a 等于 0'设置为零假设，然后期待着它被**抛弃**。知道它被抛弃意味着什么吗？"

"意味着斜率 a 不等于 0，也就是 Y 和 X 存在相关性吧？"

"没错。咱们接着往下讲。这里写着判定系数为 0.71。判定系数衡量的是数据与直线的吻合程度，如果它等于 1，表示所有数据都在直线上，即通过回归方程能完美预测数据 Y。相反地，如果它接近 0，则表示回归方程完全无法对数据进行预测。"

"判定系数也就是预测的准确度吗？那 0.71 算准还是不准啊？"

"还可以吧。"

"好牵强啊……总之先容我做个笔记。"

●俵太整理的笔记：回归分析的斜率检验与判定系数

零假设 = 斜率为 0

　　⇒如果 Y = aX + b 的斜率为 0，则 Y 与 X 没有相关性

备择假设 = 斜率不为 0

　　⇒可用回归方程表示 Y 与 X 的相关性

判定系数 = 在 Y 与 X 的相关性能用回归方程表示的前提下，衡量 X 能多大程度上预测 Y

　　⇒取 1 个范围为 0 到 1 的数值，数值越接近 1，越能预测到 Y 和 X 的相关性

"怎么样，难吗？不过啊，相关和回归是数据分析中常用的手法，要尽量学会哟!!"

"可是，咱公司保险箱里不是有商业街的一大堆数据吗，感觉根本用不着我去查啊。"

我指着房间角落的保险箱说道。

"估计阿幸是想试试你，看你能不能做好调查和分析工作。等你一交完报告，她就拿去跟服务器的数据作比对。"

"哇，我当初要是傻了吧唧地糊弄差事，岂不是早就被炒鱿鱼了?"

"怎么会，不至于炒鱿鱼啦。她应该只是想看你能成多大器。"

"那也很恐怖啊。这可怎么办是好，我越来越不敢自己动手调查东西了。"

"唔……那这样吧，你去收集一些咱们文件服务器里没有的数据如何?"

"诶? 总觉得这个反而更难了啊。话说还有咱们服务器里没有的?"

"当然有。"

说完，逸子小姐像往常一样咯咯地笑了起来。

天羽总经理的统计学指南

●相关与相关系数

这是衡量 2 组数据之间是否存在关联的指标。如果存在一方上升另一方也上升，或者一方上升另一方下降的对应关系，我们就说这 2 组数据是相关的。画出散点图，如果各个代表数据的点从左下向右上分布，整体看上去呈上升趋势，那么这 2 组数据就是正相关；反之如果点从左上向右下分布，整体看上去呈下降趋势，则这 2 组数据是负相关。将散点图给人的印象转换为数值，我们就得到了相关系数。完全正相关的相关系数为 1，完全负相关的相关系数为 –1。相关系数是一个衡量标准，当它的绝对值大于 0.7 时，我们就认为 2 组数据之间有着较强的相关性。

$$r = \frac{X \text{和} Y \text{的协方差}}{X \text{的标准差} \cdot Y \text{的标准差}}$$
$$= \frac{\dfrac{1}{n}\sum_{i=1}^{n}(X_i - \overline{X})(Y_i - \overline{Y})}{\sqrt{\dfrac{1}{n}\sum_{i=1}^{n}(X_i - \overline{X})^2}\sqrt{\dfrac{1}{n}\sum_{i=1}^{n}(Y_i - \overline{Y})^2}}$$

要注意，相关不等于因果关系。另外还要注意伪相关的存在。比如血压和年收入之间虽然看上去存在正相关，但刻意去吃一些会导致血压升高的食物并不能带来薪水的提升。血压和年收入之所以看上去有关系，是因为它们之间还存在着年龄（或工龄）等因素，而这些因素是同时与血压和年收入双方相关的。

●回归分析

这是预测数据时使用的简便手法。比如将气温对冰激凌销售量的影响总结成回归方程。在这个回归方程中，冰激凌销售量称为反应变量（response variable），也叫因变量（dependent variable），气温则称为解释变量（explanatory variable），也叫自变量（independent variable）。虽然影响销售量的因素除气温以外还有很多，但回归分析中我们要把现实简化并公式化。经过简化和公式化的现实称为模型。

反应变量＝系数×解释变量＋截距

至于回归分析中建立的模型能多大程度上解释现实中的现象，则要通过判定系数等数值来进行判断。

另外，有些模型中的反应变量同时受到多个解释变量的影响，这个称为多元回归分析。而像本章中的例子这样，只用1个解释变量进行模型化的回归分析则被称为一元回归分析。

本章出现的 ℛ 代码

● cor 函数

这是一个求相关系数的函数，使用时在圆括号中指定数据。但要注意，如果数据包含非数值的列，函数在执行时会报错。我们可以像下述例子这样，通过在方括号中指定–1 来忽略第 1 列。

```
cor (noodles2 [, -1])
```

该函数也可以通过管道处理执行，具体如下。

```
noodles %>% select (-日期) %>% cor
```

如果在列名前添加负号，就表示忽略该列。但要注意，如果列名为中文（上述例子中就用了"日期"这个中文），那么在 Windows 环境下就无法执行该命令。

● lm 函数

这是执行线性回归分析的函数。如果 2 组数据已经确认相关，那么它们的关系可以用模型方程来表示。模型写成 Y~X 的形式，即用 X 来预测 Y 的量。这里的 Y 是反应变量，X 是解释变量。R 在执行 lm 函数时，要给函数指定模型方程和数据，其格式如下。

```
lm(指定模型方程和数据)
```

模型方程代表 X、Y 这 2 组数据的关系，以 Y~X 为例，它表示"用 X 解释 Y""用 X 预测 Y"或者"通过 X 对 Y 进行回归分析"等。一般情况下，我们会先将 lm 的分析结果保存下来，再对结果套用 summary 函数，并对模型进行详细分析。

```
> # 加载冰激凌销售量的数据icecream
> icecream <- read.csv("icecream.csv")
> # 给lm函数指定模型并执行，将结果保存为ice.lm
> ice.lm <- lm(销售量 ~ 气温, data = icecream)
> ice.lm    # 求出斜率和截距
```

```
Call:
lm(formula = 销售量 ~ 气温, data = icecream)

Coefficients:
(Intercept)              气温
     57.167           5.216
```

```
> # 用summary函数求出判定系数以及零假设"斜率为0"的检验结果
> summary(ice.lm)
```

```
Call:
lm(formula = 销售量 ~ 气温, data = icecream)

Residuals:
    Min      1Q  Median      3Q     Max
-93.841 -19.023  -0.118  16.703 100.156

Coefficients:
            Estimate Std. Error t value Pr(>|t|)
(Intercept)  57.1673     3.1086   18.39   <2e-16 ***
气温          5.2161     0.1738   30.01   <2e-16 ***
---
Signif. codes:  0 '***' 0.001 '**' 0.01 '*' 0.05 '.' 0.1 ' ' 1

Residual standard error: 28.07 on 363 degrees of freedom
Multiple R-squared:  0.7127, Adjusted R-squared:  0.7119
F-statistic: 900.5 on 1 and 363 DF,  p-value: < 2.2e-16
```

用管道处理执行该操作的方法如下。请注意 data=. 部分，这里是用点 (.) 引用了数据。

```
icecream %>% lm(销售量 ~ 气温, data = .)
```

● Code04-01（P.127）

假设天羽小姐将樱田先生给的数据整理过后保存在了 menus. csv 中。首先我们要加载这个数据。注意，在加载函数 read.csv 中，colClasses=c("factor", "Date", "numeric") 的作用是将第二列的数据转换为日期格式。日期格式的数据可以被直观地搜索与筛选出来，例如"2015 年 4 月 1 日至 5 月 1 日"，非常方便。

```
> # 加载用于数据操作及绘图的程序包
> library(dplyr)
> library(ggplot2)
> menus <- read.csv("menus.csv", stringsAsFactors = FALSE,
colClasses = c("factor","Date","numeric"))
> # 查看列名
> menus %>% names # 与names(menus)相同
```

```
[1] "品名" "日期" "销售额"
```

```
> # 查看开头部分
> menus %>% head # head(menus)
```

```
   品名      日期    销售额
1 关东煮 2015-03-01 4046
2 关东煮 2015-03-02 3437
3 关东煮 2015-03-03 3191
4 关东煮 2015-03-04 3499
5 关东煮 2015-03-05 3536
6 关东煮 2015-03-06 3841
```

```
> # 筛选出饭团的销售额
> fantuan <- menus %>%   filter (品名 == "饭团")
> # 时间序列图（用scale_x_date指定）
> ggplot(fantuan, aes(日期, 销售额)) + geom_line() +  scale_x_date()
+ ggtitle("饭团的销售额")
> # 管道处理也可以用在生成图表上
> fantuan %>%ggplot(aes(日期, 销售额)) + geom_line() +  scale_x_date()
  + ggtitle("饭团的销售额")
```

● Code04-02（P.128）

```
> # 炒饭的销售额
> chaofan <- menus %>% filter (品名 == "炒饭")
> # 时间序列图
> chaofan %>% ggplot(aes(日期, 销售额)) + geom_line() +
scale_x_date()  + ggtitle("炒饭的销售额")
```

● Code04-03（P.129）

```
> # 筛选出面条
> noodles <- menus %>%  filter (品名 %in% c( "意大利面",
"酱汁炒面", "乌冬面", "什锦面", "拉面"))
> # 时间序列图
> noodles %>% ggplot(aes(日期, 销售额)) + geom_line()+ facet_wrap
(~品名)  + ggtitle("面条的销售额")
```

● Code04-04 生成面条与米制品的散点图矩阵（P.131）

首先选择要用的品名，对这些数据进行整形，以便于求出相关系数。这里导入了 tidyr 程序包。

```
> # 相关系数
> # 导入用于数据整形的程序包
> install.packages("tidyr")
> library(tidyr)
> # 将用来生成相关矩阵的品名列为横轴
> noodles2 <- menus %>%  filter (品名 %in% c("饭团", "味噌汤",
"咖喱", "茶泡饭","意大利面", "酱汁炒面", "乌冬面", "什锦面",
"拉面")) %>% select ( 品名, 销售额 ,日期 ) %>% spread (品名, 销售额)
> # 查看开头
> noodles2 %>% head
> # 求相关系数（指定-1来忽略日期部分）
> noodles2 [, -1] %>% cor
```

	茶泡饭	饭团	酱汁炒面	咖喱
茶泡饭	1.00000000	-0.00971532	0.6080210	0.81505643
饭团	-0.00971532	1.00000000	-0.5029012	-0.02819566
酱汁炒面	0.60802102	-0.50290122	1.0000000	0.62001363
咖喱	0.81505643	-0.02819566	0.6200136	1.00000000
拉面	0.62695258	-0.51001468	0.9216830	0.65692932
什锦面	0.59246831	-0.50412641	0.9133528	0.61444273
味噌汤	0.80706875	-0.07799798	0.6432836	0.84040541
乌冬面	0.62932779	-0.48920782	0.8953787	0.61854210
意大利面	0.61656471	-0.48662582	0.9122944	0.63703048
	拉面	什锦面	味噌汤	乌冬面
茶泡饭	0.6269526	0.5924683	0.80706875	0.6293278
饭团	-0.5100147	-0.5041264	-0.07799798	-0.4892078
酱汁炒面	0.9216830	0.9133528	0.64328364	0.8953787
咖喱	0.6569293	0.6144427	0.84040541	0.6185421
拉面	1.0000000	0.9220467	0.67262189	0.9129860
什锦面	0.9220467	1.0000000	0.63181656	0.9099195
味噌汤	0.6726219	0.6318166	1.00000000	0.6441580
乌冬面	0.9129860	0.9099195	0.64415796	1.0000000
意大利面	0.9188441	0.9101794	0.66109148	0.8979937
	意大利面			
茶泡饭	0.6165647			
饭团	-0.4866258			
酱汁炒面	0.9122944			
咖喱	0.6370305			
拉面	0.9188441			
什锦面	0.9101794			
味噌汤	0.6610915			
乌冬面	0.8979937			
意大利面	1.0000000			

```
> # 散点图矩阵
> noodles2[, -1] %>% pairs
```

● Code04-05 乌冬面与饭团的散点图（P.131）

用 filter 函数指定"饭团"和"乌冬面"，将二者的品名和销售额统一成一个表，然后生成散点图。

```
> udon <- menus %>% filter (品名 %in% c("饭团", "乌冬面")) %>%
spread (品名,销售额)
> udon %>% ggplot(aes(乌冬面, 饭团)) + geom_point() +
ggtitle("乌冬面与饭团的散点图")
```

● Code04-06 饭团与牛奶的散点图（P.133）

```
> milk <- menus %>% filter (品名 %in% c("饭团", "牛奶")) %>%
spread (品名, 销售额)
> milk %>% ggplot(aes(饭团, 牛奶)) + geom_point(size = 2, color
= "grey50") + geom_smooth(method = "lm", se = FALSE) +
ggtitle("饭团与牛奶的散点图")
```

● Code04-07 牛奶的销售额（P.133）

```
> # 牛奶的销售额
> milk2 <-menus %>% filter (品名 == "牛奶")
> # 时间序列图
> milk2 %>% ggplot(aes(日期, 销售额)) + geom_line() + scale_x_date()
+ ggtitle("牛奶的销售额")
```

● Code04-08 看上去有关联性但被判断为不相关的例子（P.140）

```
> # 随便创建一份数据
> xy <- data.frame (X = -10:10, Y =  (-10:10)^2)
> xy %>% ggplot(aes (x = X, y = Y)) + geom_point(size  =2 )+
ggtitle("看起来应该具有相关性")
```

● Code04-09 冰激凌销售量与气温的散点图（P.144）

在 R 中通过 lm() 函数来完成。

```
> # 回归分析
> # 加载冰激凌销售量的数据icecream
> icecream <- read.csv("icecream.csv")
> # 通过lm函数查看斜率与截距
> icecream %>% lm(销售量 ~ 气温, data = .)
> # 画出气温与销售量的散点图
> icecream %>% ggplot(aes(气温, 销售量)) + geom_point(size = 2)
```

● Code04-10 在冰激凌销售量与气温的散点图中加入回归直线（P.147）

下述代码中，+geom_smooth(method="lm", se=FALSE) 部分是添加回归直线的命令。简而言之就是在生成散点图时进行回归分析。如果将 se=FALSE 改为 se=TRUE，则会输出回归直线的推测范围，各位不妨一试。

```
> icecream %>% ggplot(aes(气温, 销售量)) + geom_point(size = 2) +
geom_smooth(method = "lm", se = FALSE)
```

圈定网络上的恶意中伤者

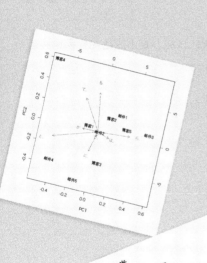

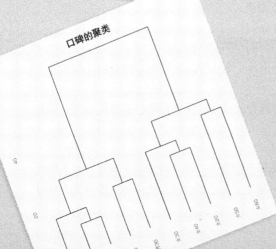

口碑的聚类

05-01 对抗中伤者

　　酒馆的"饭团问题"已经过去一段时日。自问题解决以来，我的工作内容无外乎就是坐在公司电脑前学学数据分析，或者处理一些商业街店主发来的委托。这期间，既在帮干货店老夫妇更换天花板上的荧光灯时受过感谢，也在打扫人行道边的花坛时被小学生当成过坏人。总之由于走出公司大门的机会增多了，我跟商业街的大伙儿也渐渐熟识了起来。

　　这天，我从逸子小姐那里接到了一个特殊课题，一大清早便在网络上搜罗着相关信息。上班时间过去许久天羽小姐才来到公司，她走到我桌边问道：

　　"一大清早就这么卖力地查东西啊。查什么呢？难不成是在找私秘的约会地点，打算周末约女孩子去玩？"

　　她将眼镜架在头顶，把脸凑到电脑屏幕前。

　　"这玩笑可开不得，工作场所怎么能干那种事。我是在查商业街的信息啦。"
　　"商业街？"
　　"是的。我想查查它在网上的口碑。"

　　天羽小姐的表情严肃了起来。

　　"查网上的口碑，这跟翻垃圾桶没啥区别。"
　　"呃，但我对那条商业街还不够了解，查查人们对它的评价应该不无裨益吧。"
　　"我倒是觉得你找本讲调查的书认真学学，然后多去实地调查调查更有帮助。"

　　说着，天羽小姐把脸从屏幕前移开，站直身子双手抱臂，向下斜眼瞪着我。或许是由于少了一层镜片的遮挡，她目光中的威慑与魄力显得比往常还要强烈，吓得我险些狼狈起来。好在逸子小姐及时办完事回到公司，这才帮我解了围，就此逃过一劫。

"是我让俵太去查的啦。因为这阵子，网上貌似有不少针对商业街的恶评。"

"什么？我怎么没听说过？"

"是朔太郎先生说的，貌似就是上周。"

"那个网络死宅，他为啥不直接跟我说？"

"因为阿幸总是'死宅''死宅'地叫，把他吓到了啦。"

"那个混球……算了，具体是怎么一回事？"

"你自己看看就知道了。俵太，你已经查过了吧？有什么发现吗？"

"有，比如这个说的就挺过分的。"

我打开某博客的 Web 页面给天羽小姐看。

"这写的是啥玩意儿？说他胡扯都算好听的！宽太也太可怜了。"

挨骂的是一间叫作 KANTA 的餐馆，而宽太正是那里的老板。那家餐馆我隔三差五就会去一趟，中式日式西式餐品一应俱全，价格实惠，味道也不错。每当不知道吃什么的时候，我就喜欢跑到宽太先生的店里，然后坐下来慢慢选。店里是宽太先生掌勺，他太太负责接单和端菜，夫妇俩都是很热情好客的人。

"亏他能扯出这么长一串脏字来，真叫人无语。话说，你是想让俵太干什么？"

"其实吧，昨天下班回家的路上，我到宽太先生的店里去了一趟。据宽太先生说，他之前跟客人闹了点不愉快。后来他发现博客里这些恶评跟当时那位客人发的投诉邮件内容特别相似。"

"既然以前就起过争执，就是说宽太知道那家伙的联系方式？"

"不光知道邮箱，连住址都知道。所以我想找些不容辩驳的铁证来警告一下对方，于是就拜托俵太去查了。"

"光凭'相似'俩字可镇不住对方。闹不好他还会反过来告你一个损害名誉。这事不如去找博客和留言板的管理员。"

"宽太先生也跟那网站的管理员说了好几次了，但他们就是不管。"

"好吧。俵太，你具体在查些什么？"

"就是从各个留言板和博客里把对店家的恶评都找出来，然后复制粘贴保存。"

"这也算收集证据？要做网页存证？"

网页存证，就是把显示着某条网络留言的整个网页截图保存。这样一来，就算对方事后将留言删除，我们也能证明他曾经发过这样的留言。

"这当然也是目的之一。但我们想做的是用电脑分析这些文章，检查它们是否出自同一个人之手。"

这些话其实是逸子小姐今天早上说给我听的。我虽然搞不懂她究竟在表达什么，但还是有样学样复述了一遍，只是一不小心用了"我们"

二字。天羽小姐听到这个词，扭头看向逸子小姐。

"逸子就喜欢鼓捣这些东西，不愧是国语系毕业的。"

诶？逸子小姐居然是文科毕业？我还以为她是个如假包换的理科女来着。

"俵太的电脑水平还是蛮棒的，我觉得各种复杂的操作应该都难不倒他，所以就想或许能让他帮忙做一做商业街口碑的分析。我知道阿幸你不喜欢 SNS，但这东西认真分析起来的话，还是很有意思的。"
"光收集留言可没用哦。"
"如果有年龄、性别等配套的属性信息，那总该有用了吧？"
"只能说不试试怎么知道。"

天羽小姐扔下这么一句，就转身去了接待室。逸子小姐笑着向我挤了挤眼，竖起了一根大拇指。

"好啦，现在总经理也批准了，加油吧!!"
"那样也算是批准了？"
"阿幸如果认为不行，向来是先动手后动口的哟。"

我不禁打了个冷颤。

05-02 文本挖掘

这天，我花了整整一个上午的时间在各家网站上搜索与宽太先生家的店有关的恶评。每找到一条，就把它复制到特定文件中保存。等回过头来检查这些文件时，我发现许多评价都有重复之处，看来其中大部分是将已有文章剪切后重新拼凑出来的。读着这满篇的诋毁中伤之辞，连我这个旁观者都觉得心里不是滋味儿了。

"怎么样了？"

回过神来时逸子小姐已经站在了旁边，这一声着实给我吓了一跳。

我把保存有数据文件的文件夹展示给她看。

"说起来，这些中伤里没有任何一句提及菜品的味道，攻击的目标全都集中在待客方面。用一句话概括就是'完全没把客人当回事'。这人虽然在各个网站上胡诌八扯写了一大堆恶言恶语，但他批评的点归结起来只有 5 个。"

1. 客人进店后没有受到应有的重视
2. 作为一家饮食店，有很多卫生问题让人无法忍受（湿巾上有茶渣或食物残渣）
3. 上错菜
4. 上菜异常地慢
5. 结账后连一句"谢谢惠顾"都没有

"大概就是这样。"

随后我双击其中一个文件，让内容显示在屏幕上。

"你看，这些全都可以归结到第 1 点。那人揪着'客人进店后没有受到应有的重视'这一点不放，编出了下面这些评论。"

Sample1	这家破店呢看见客人来了连一句"欢迎光临"都不会说哦！
Sample2	你个混蛋是木头人吗？就在那站着，是犯什么傻充什么愣呢？见客人来了你倒是麻溜地，过来上水上湿巾，让老子点菜啊！
Sample3	老子点个菜还得扯着嗓门使劲吼几遍才行吗!？嗓子吼坏了你给赔医药费啊？
Sample4	王八羔子的你个混蛋想挨揍是吗？老子11点45分就在这等了，对面桌的家伙比老子来得晚多了!! 两边都点的特惠餐，凭什么先上对面的，后上老子的啊!？你个混蛋是不是不知道"先来后到"什么意思啊？连先来后到都不懂，你这破店趁早别开了!!

图 05-01
网络中伤者的留言

"哇，这说得好过分。"

"是吧？还有好多呢，所以我把它们按刚才那 5 点分别总结在 5 个文件里了。"

"那咱们就动手吧？"

"动手干什么？"

"**文本挖掘**。"

"……又是个我没听过的词啊。"

"文本说白了就是文章。文本挖掘呢，就是让电脑分析文章，找出其中的特征。"

"之前你说'网上的评论是实时更新的，这些数据跟咱们保险库里存的相比要另类许多，把它们收集起来可以做很有趣的分析'，指的就是这个吗？"

"文本挖掘算是其中之一啦。我是这么想的，把从博客上收集到的数据跟文本挖掘联系在一起的话，没准能得到一些有关商业街的新消息和新发现。所以听朔太郎先生说 KANTA 在网上成了众矢之时，我觉得该趁这个机会对商业街整体的口碑进行一次调查。不过，还是要优先处理宽太先生家的问题啦。给，把这个复制到你的电脑里。"

说着逸子小姐递过来一个 U 盘。我把 U 盘接上电脑，系统随即自动打开了新窗口，里面有 5 个文件。

"这些是什么文件？"

"都是之前宽太先生跟中伤者之间的邮件。"

"噢，我懂了。是要拿宽太先生收到的邮件跟我收集的这些留言做对比吧？可是，电脑能判断出几篇文章是否相似吗？"

"电脑不可能理解人类的语言啦。但是，它们能给出一些结果，看似是理解了人类语言。不过在此之前，咱们要先分解文章。"

"诶？分解文章？具体分解什么，要怎么干啊？"

公司桌子上备着一个便签簿。逸子小姐拿起我的笔，在便签簿最上面一页写了几个字。这是她处理这类问题的一贯做法。

"给这句话断个句。"

他爱画画画画画一下午很常见

图 05-02
他爱画画画画画一下午很常见

"他，爱，画画，画画，画，一下午，很常见。"
"列举出里面的动词。"
"啊？"
"这就是道语文题啦，里面有几个动词？"

逸子小姐歪头等着我作答。

"呃，'画画'和'画'吧？"
"'爱'也是动词哦。那么，动词'画画'出现了几个？"
"2 个。"
"没错。这就是分解文章，如今的电脑已经能做这个了。"

表 05-01　MeCab[1] 的解析结果

他爱画画画画画一下午很常见		
他	r,r,S,1, 他 ,ta, 他	// 代词[2]
爱	v,v,S,1, 爱 ,ai, 爱	// 动词
画画	v,v,BE,2, 画画 ,hua_hua, 畫畫	// 动词
画画	v,v,BE,2, 画画 ,hua_hua, 畫畫	// 动词
画	v,v,S,1, 画 ,hua, 畫	// 动词
一	m,m,S,1, 一 ,yi, 一	// 数词
下午	t,t,BE,2, 下午 ,xia_wu, 下午	// 时间词
很	d,d,S,1, 很 ,hen, 很	// 副词
常见	a,a,BE,2, 常见 ,chang_jian, 常見	// 形容词

---

[1] MeCab 是一款日文分词器，它本身并不支持中文，这里是使用 Pan Yang 发布于 GitHub 上的 MeCab-Chinese 进行分词得出的结果（https://github.com/panyang/MeCab-Chinese）。关于 MeCab-Chinese 的相关信息请参考 http://www.52nlp.cn/tag/mecab 中文分词。——编者注

[2] MeCab-Chinese 输出的内容不包括中文说明的词性，而是用字母（r, v, v... ）来标明词性。此处的中文词性是为方便读者阅读而添加的。——编者注

"哇，这个好厉害。"

"将文章分解开来，就能把各个单词以及每个词的出现次数统计成表了。"

"就是说能把文章当作数值数据来对待？"

"没错。这就是为什么这种分割文章的技术被称为**词素分析**。词素说白了就是单词。一般情况下，词素分析可以在分析词素的同时推测出单词的词性，要是像日文那种有动词变形的语言，它还能推测出该单词的原型呢。这方面最有名的软件应该算 MeCab 了，它是不收费的，谁都可以从网上随便下随便用。只要用词素分析将文章分解成单词，咱们就能轻松地将其总结成频数表了。前阵子你不是刚把商业街的调查问卷统计成表吗？其实，把数据统计成列联表之后，剩下的数据分析工作都是一样的。只要把文本文件转换成单词的频数表，电脑就能判断文本是否相似了。这种技术称作**文本挖掘**。咱们来试试看吧？"

逸子小姐随手就打开了我电脑的浏览器，我不由得暗暗庆幸自己没一不小心把什么奇怪的网页设成首页。

"知道这个网站吗？"

图 05-03
青空文库的主页

"青空文库？不知道。"

"这个网站上收录着许多著作权到期了的小说家们的作品，而且是全文收录。它不但支持直接在浏览器上阅读，还允许用户把作品的文本下载下来看。咱们就在这上面翻翻看吧。"

逸子小姐拿起鼠标在各个链接上左点点右点点，最后停在了太宰治的《奔跑吧梅勒斯》[①] 的页面上。

　　"好啦，我要出题咯。梅勒斯的好友叫什么?"
　　"诶?《奔跑吧梅勒斯》里的主人公的好友吗? 呃，这我可不记得。"
　　"就知道你不记得，那咱们来查查好了。"

　　然而逸子小姐并没有拖动滚动条去阅读《奔跑吧梅勒斯》的正文，
而是在 RStudio 里敲起了代码。

```
> library (RMeCab)
> m <- NgramDF("melos.txt", type = 1, pos = c("名词","形容词",
"动词"))
```

```
file = ./melos.txt Ngram = 2
```

```
> nrow(m)
```

```
[1] 2348
```

```
> head (m)
```

```
    Ngram1     Ngram2    Freq
1   泛起红晕    高兴      1
2   泛起红晕    说        1
3   给          一个      1
4   给          激流      1
5   明天        你小子    1
6   明天        梅勒斯    1
```

　　"这是在干什么?"
　　"对《奔跑吧梅勒斯》这篇文章进行词素分析，然后将特定单词与
其他单词连用的次数做成频数表。由于单词两两配对总共有 2348 种情
况之多，所以我用 head() 让它只显示出了开头部分。"
　　"2348!! 这要一行行去检查还不得累死……"

---

① 　青空文库中的文章均为日文，该篇小说日文名为『走れメロス』。——编者注

"没错，所以咱们要把它绘成图。你从这图里能找到答案吗？"

一阵键盘敲击声过后，逸子小姐将屏幕转向我。

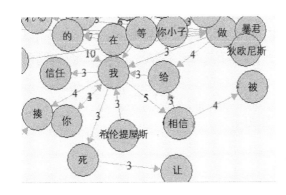

图 05-04
《奔跑吧梅勒斯》的网
络图（⇒ Code05-01）

"这又是什么？"

"我把小说《奔跑吧梅勒斯》的文章分解后，将单词之间的联系做成了网络图。你看，这些圆圈里有单词，单词与单词之间有箭头连接对吧？比如'我'向左下方伸出一个箭头连接到'揍'，箭头上写着数字4。它表示'我'这个单词后面连着'揍'的情况出现了4次。"

"诶？《奔跑吧梅勒斯》里有这种暴力成分？"

"有啊，就是最后那里，梅勒斯回来之后，这对好朋友不是都为'自己曾怀疑过对方'而内疚，争着让对方揍自己吗？"

"有这一段？我想起来了，这图里'我'下面的'希伦提屋斯'就是梅勒斯的好友吧？话说这算是电脑从文章中判断出了梅勒斯的好友？"

"这个嘛，电脑并不理解'好友'的意思，它只是把'我'前后出现频率较高的单词找出来了而已。不过有了这张图之后，就算是没读过《奔跑吧梅勒斯》的人，也能大致推测出每个单词各出现了多少次，以及它们出现在什么样的脉络之中。这样不是很方便吗？"

"这就是文本挖掘啊，真有意思。我明白了，咱们是要通过文本挖掘，找出留言中伤宽太先生家店的那个人吧？"

逸子小姐点了点头。

"我就是这么想的。拿以前中伤者给宽太先生发的邮件跟你今天收集的博客还有留言做对比，没准能发现什么共同点。"

"原来如此。但是什么样的算共同点啊？用的单词相似吗？但这些都是对店家的投诉，内容本来就不会差太多吧？"

"嗯，仅凭单词只能看出内容相似，没法判断是不是出自同一个人之手。不过呢，这里有一个非常有趣的研究成果。俵太，你语文课学过语法吧？"

"诶？语法吗？好像学过吧？我记不太清了。"

"学过逗号应该用在哪里吗？"

"诶？逗号？"

"就是'，'啦。"

她又拿起笔，在便签簿最上面一页随手画了个逗号。

"这个我没学。话说逗号还有固定用法？"

"要想写出一篇好文章，在逗号的用法上也是要花心思的哟。不过呢，逗号的用法倒是没什么太硬性的语法规定啦。你在写文章的时候，会推敲'的、地、得'之类的助词后面加不加逗号吗？"

"不推敲，我连想都没想过。逗号都是下意识点的。"

"一般来说，大家也不会没事儿去推敲这个。但是俵太，你写文章也写了快 20 年，在逗号的用法上恐怕早就养成某种习惯了吧？"

"习惯？"

"对。比如坚决不在'的'后面点逗号。你等我给你演示一下。"

05-03　写文章时的习惯

逸子小姐的指尖再次在键盘上跳跃起来。房间角落的保险箱里传来微微的响动，是服务器读取硬盘的声音。看来逸子小姐又从服务器里调用了其他数据。

"知道这两位作家吧?"

她指着屏幕上的 2 个人名。

"都是一百多年前的大文豪啊。名字当然听过,左边这个作家的文章我还读过一些,比如《少爷》啥的。"

"我调取了这两位作家的小说,然后用电脑统计他们在各个助词后面直接点逗号的次数,得出了这么一张表。它在文本挖掘中被称作**文本矩阵**。"

表 05-02　A 作家与 B 作家（⇒ Code05-02）

助词与逗号[①]	作品							
	A 作家 1	A 作家 2	A 作家 3	A 作家 4	B 作家 1	B 作家 2	B 作家 3	B 作家 4
的,	66	66	48	63	31	28	43	33
着,	167	194	135	112	143	70	142	138
了,	67	52	76	53	37	36	30	38
地,	47	34	29	36	86	24	44	41
哇,	55	81	36	47	41	41	28	39
呢,	73	67	35	69	40	39	29	22
得,	10	25	14	21	22	10	15	13
啊,	44	34	37	35	51	33	43	44

"文本矩阵? 貌似很复杂啊……"

"我选了这两位大文豪的各四篇小说,统计了他们在助词后点逗号的次数,然后总结成了这个表。比如第一行是'的'后面出现逗号的情况,A 作家的某部作品中出现了 66 次。对其余 7 种助词与逗号的组合也做了同样的统计和分析。总体看来,A 作家用逗号的频率更高一些呢。"

"原来如此。除了'的'以外,'了'这行也是 A 作家使用次数远高于 B 作家。"

---

① 原书是使用日文小说进行分析的,故"助词和逗号"列内原本为"が、""て、""で、""と、""に、""は、""も、""ら、"。这里为便于理解,分别汉化为了"的,""着,""了,""地,""哇,""呢,""得,""啊,"。——编者注

"是呢。就这两位作家而言，'的'和'了'最能体现他们各自的特征，所以用'的'和'了'作为 x 轴、y 轴生成散点图的话，应该能清楚地区分他们俩。"①

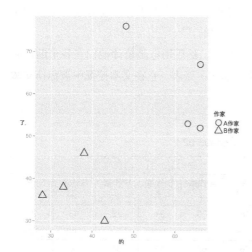

图 05-05
'的'和'了'频数的散点图（⇒ Code05-03）

"集中在左下部分的是用逗号偏少的 B 作家，然后右上部分的是 A 作家，对吧？唔，两个人分化得很明显啊。没想到他们的文章还有这种特点。"

"不一定哦。A、B 两位作家在'的'和'了'后面点逗号的次数确实存在区别，但是再把 C 作家加进来的话，恐怕只凭'的'和'了'就区分不开了。不信咱们来试试。"

逸子小姐噼噼啪啪地往 RStudio 里敲了一串代码，屏幕上随即显示出一张新图。虽然和刚才一样都是散点图，但这个里面多了实心黑色正方形标记。看来圆、三角形、正方形分别代表了 A、B、C 三位作家。

① 原书中比较的是森鸥外和夏目漱石关于"で、"（de）和"が、"（ga）的使用情况，后文中的"C 作家"则是太宰治。此处为了便于理解进行了替换和汉化，关于原书中对这几位作家作品的分析和代码请参见本章末"本章中的 R 代码"一节。——编者注

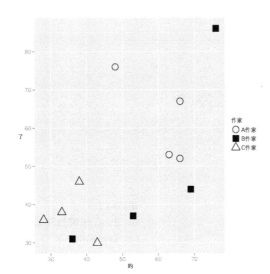

图 05-06
添加 C 作家后'的'和
'了'的频数的散点图
(⇒ Code05-04)

"我用同样方法统计了 C 作家 4 部小说中'的'和'了'的频数，然后把它们加进了刚才那张散点图。你现在再看看?"

"唔，代表 B 作家的那些三角形分布很集中，但里面混入了代表 C 作家的正方形。或者说，只有 C 作家的 4 部作品分布得很凌乱啊。"

"是吧? 在这张散点图上，三个作家的记号说分得开吧也分得开，说分不开吧也分不开。这就表示，光有'的'和'了'的频数信息还不够。所以咱们要把其余 6 个助词的频数信息也考虑进去。稍等一下哈。"

又一阵噼里啪啦的键盘声过后，逸子小姐重新把屏幕转向我。

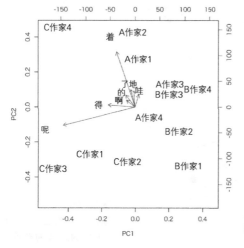

图 05-07
A、B、C 作家的双标图
（ ⇒ Code05-05 ）

"这也是散点图吗？可我看里面多了箭头。"

"嗯，叫散点图也不算错，但它是对 8 种'助词 + 逗号'的组合进行**主成分分析**后生成的特殊图表，准确说来应该称作双标图。"

"主成分析？"

"是主成分分析啦。助词与逗号的组合总共有 8 种对吧？主成分分析就是检查每一组的频数，然后将频数相似的数据合并成一个。这种合并有个说法叫**压缩信息**。"

"压缩信息啊……"

"刚刚的文本矩阵压缩后就成了这个样子。"（ ⇒ Code05-06 ）

```
        PC1    PC2    PC3    PC4    PC5    PC6    PC7    PC8
[的,]  -0.12   0.18   0.61   0.23  -0.44   0.49  -0.22  -0.24
[着,]  -0.23   0.84  -0.34   0.00  -0.17  -0.01   0.30  -0.07
[了,]  -0.05   0.27   0.68  -0.36   0.19  -0.54   0.08   0.07
[地,]   0.05   0.19  -0.12  -0.16  -0.29  -0.08  -0.64   0.64
[哇,]  -0.02   0.25   0.08   0.70   0.60  -0.05  -0.26   0.13
[呢,]  -0.90  -0.28  -0.04   0.16  -0.14  -0.26  -0.04   0.04
[得,]  -0.33   0.03   0.07  -0.41   0.47   0.63   0.10   0.31
[啊,]  -0.11   0.10  -0.19  -0.33   0.25  -0.04  -0.60  -0.64
```

"逸……逸子小姐，我觉得这个比刚才还复杂了啊？"

"啊，抱歉抱歉，应该是这张。"

```
        PC1   PC2
[的,] -0.12  0.18
[着,] -0.23  0.84
[了,] -0.05  0.27
[地,]  0.05  0.19
[哇,] -0.02  0.25
[呢,] -0.90 -0.28
[得,] -0.33  0.03
[啊,] -0.11  0.10
```

"呃，这只是把刚才那张表的前 2 列取出来了吧？还有，列名 PC1、PC2 指的是什么？"

"PC 是 Principal Components 的缩写，意思是**主成分**。打个比方的话呢，就是把 8 种助词的信息一起放进茶壶里'煮'。煮完滤出的第一壶水最浓，这是第一主成分。之后给残渣加水继续煮，煮完滤出的第二壶水就是第二主成分。接下来把这个再重复 6 遍就好啦。"

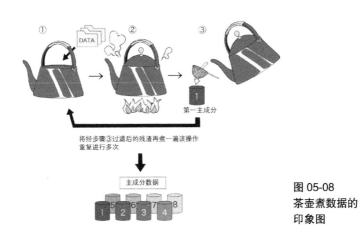

图 05-08
茶壶煮数据的
印象图

"那岂不是跟茶叶渣一个道理，第 7、8 次煮出的水基本就无色透明了？"

"没错。一般只有前两壶水能煮出味道和香气，之后再煮就没什么"

味儿了，对吧？这个也是，可以认为第一主成分和第二主成分已经将数据的可萃取部分榨干净了。主成分分析这种手法呀，目的就是将大量信息煮成一锅，再压缩成 1～2 个信息。这样一来，数据的特征就会得以凸显。我给刚才那张双标图加了几条线，你看，现在能分出这三位作家了吧？"

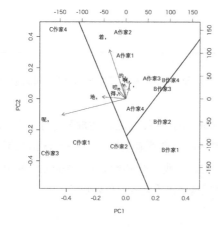

图 05-09
给图 05-07 添加了边界线

"是说这三位大文豪的风格不同吗？"

"你这个说法蛮有意思的嘛。**风格**这词合不合适姑且不论，至少可以确定这三位作家在助词和逗号的使用方法上存在差异。另外，图中的箭头反映了'助词＋逗号'这种组合的频数。咱们捡里面最突出的看，'着'后面点逗号最多的是 A 作家，而'呢'后面点逗号最多的是 C 作家。"

"这就是说，电脑已经找出了他们俩写文章的习惯!?"

"我再强调一遍啦，电脑本身是看不懂文章的，所谓找出了写文章的习惯，只是我们对计算结果的一种解释。接下来，只要把这个方法套用在中伤者写给宽太先生的邮件上就行啦。"

"嗯！麻烦您了!!"

"麻烦我？是要你自己动手做啦。"

我"诶!?"地一声当场石化。算了，先把这些知识记下来要紧。

●俵太整理的笔记：文本挖掘

文本挖掘 = 将文章视为数据进行分析的方法

    ⇒貌似有很多种

词素分析 = 将文章分解成单词的技术

    ⇒通常还能推测出词性

文本矩阵 = 统计词素等的个数的表

    ⇒将文本像其他数据一样用数字来表示!!

主成分分析 = '煮'信息的手法

    ⇒结果在双标图（散点图）中确认

05-04 圈定恶意中伤者

逸子小姐的意思呢，是让我把之前收集到的留言与宽太先生收到的投诉邮件放到一起，对其中助词与逗号的用法进行解析，看看是否与刚刚那些文豪名作的例子一样，具有非常明显的差异。我自然也做出了最大的努力，一边回忆逸子小姐演示的步骤，一边尽可能地进行操作。但我现在的本事毕竟有限，要做文本挖掘实在有些力不从心。到头来，还是逸子小姐帮的忙。她像往常一样，一边笑着安慰我说"没事啦……没事啦。不过，今后要慢慢学会才行哟"，一边帮我做完了生成文本矩阵的所有步骤。

	的，	着，	了，	地，	哇，	呢，	得，	啊，
邮件1	11	41	18	21	38	12	41	33
邮件2	12	42	19	25	39	8	39	37
邮件3	9	39	17	21	41	11	42	38
邮件4	13	41	19	28	44	10	39	32
邮件5	11	38	20	28	39	11	37	33
博客1	12	44	21	28	42	11	41	39
博客2	13	42	22	25	39	13	42	38
博客3	11	41	19	26	42	12	38	37
博客4	12	46	18	28	38	9	45	32
博客5	10	43	21	23	39	11	39	38

"又这么复杂啊。"

"我已经把这份数据保存好了，名字叫 comment。接下来就是给这 8 个助词组合套用主成分分析咯？"

"有种成败在此一举的感觉啊。"

"是呢。用 RStudio 进行主成分分析时要用 prcomp 函数。步骤是这样，先保存分析结果，然后用它生成图表。"

"具体怎么操作？"

"分析结果就以 blog 为名保存吧。"

"总之就先这样写，对吧？"

```
> comment <- read.csv("mb.csv", row.name = 1)
> blog <- comment %>% prcomp
```

"没错没错。然后把 blog 做成图表就行。这里要用的函数叫 biplot，你试试看。"

```
> blog %>% biplot
```

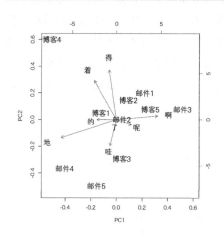

图 05-10
投诉邮件与网络留言的双标图

"啊，图表出来了。唔，这个……"

"从双标图上看，邮件和博客的文本都混杂在一起，并没有分开呐。"

"呃，这代表什么？"

"就是助词与逗号的用法并没有显著区别吧……"

"啊，那就是说，它们出自同一个人之手咯？"

"唔，其实也不能就这么断言。因为用词习惯跟指纹还不同，难免会出现两个人用词习惯相仿的情况。不过，这个人貌似很喜欢在'得''着'和'地'后面加逗号，相反地，在'的'和'呢'后面却不怎么加逗号。这种习惯感觉挺少见的。"

"这该算是对方的一个软肋吧？"

"唉，反正咱们既不是警察也不是法官，有这些结果或许足够用了。之后交给阿幸处理就好啦。对她而言，这些足以成为让对方认罪的'证据'。"

"呃，别说证不证据了，光是面对她的质问就够对方喝一壶的……"

想到这儿我不禁冷汗直流，真庆幸那个恶意中伤者不是我……

"话说，真没想到世上还有人用这种分析方法和图表来造福大众，长见识了……"

"说什么傻话呢？今后会一直用到它们的可是你自己哟。"

逸子小姐在我背上一拍，咯咯地笑着说道。老实说，如今的我仍是毫无自信，可事已至此，只能拿出毅力玩命学习了。况且，我至今为止学到的虽然只是数据分析的一点皮毛，但实际运用起来倒也不失有几分乐趣。

"接下来用文本挖掘来分析商业街的口碑吧！"

"诶？"

看我呆在一旁，逸子小姐什么都没说，只是不住地笑。

至于"宽太先生遭遇恶意中伤者"这案子的后续嘛，听说是这样的：

天羽小姐把中伤者叫了出来，先是拿分析结果在他眼前晃了晃，紧接着一阵厉声责问。对方光是被天羽小姐隔着镜片狠狠瞪了一眼就吓得两腿发软，扑通一声跪倒在地，额头紧贴地板，一个劲儿地求饶，声音细得像蚊子叫。

　　他原本也是 KANTA 的常客，每天都去那里吃午饭。前阵子，KANTA 那边因为老板娘产期临近，在分娩前后一个月无法来店里招待客人，便临时雇了一个小伙子来打工。可惜小伙子不怎么机灵，三番五次怠慢了中伤者，弄得这位一肚子怨气。后来有一天，中伤者点了一份天妇罗荞麦面，结果上成了天妇罗乌冬面。虽然店家立刻答应给他换一份，但宽太先生坚持只卖"刚出锅"的食物，所以重新炸天妇罗和煮荞麦面耽误了 15 分钟。于是乌冬面 20 分钟，荞麦面 15 分钟，总计 35 分钟的漫长等待一下子激起了这位客人心中积累已久的怨气。

　　"混账东西，你们把客人的时间当成什么了!? 赔钱!! 赔时间!! 你们就是一群该死的贼!!"

　　对于这种客人，要是看在是常客的面子上，忍气吞声低头赔个礼也就过去了。可偏偏宽太先生是个不服软的暴脾气，听对方满嘴脏字恶言相向，一气之下便骂了回去。

　　"喔? 所谓'喷子'指的就是你小子这种人吧? 枉费我诚心诚意地费半天功夫让你吃上刚出锅的食物。不识好歹的东西，你小子没资格在我家吃饭，赶紧滚!!"

　　"火上浇油"说的就是这场面。自那以后，对方就开始使劲发恶意中伤的博文。然而实际情况却是，这位中伤者原本就很喜欢吃宽太先生做的饭，而宽太先生也不可能讨厌每天坚持来自己店里吃饭的客人。

　　于是两位在天羽小姐的斡旋下握手言和，随后关系迅速拉近，如今已经成了铁哥们儿。现在除了每天到宽太先生店里吃午饭，下班路上也会没事就逛逛。总之案子了结，皆大欢喜。

　　相对地，我最近倒是一直都没去 KANTA。自从逸子小姐把分析商业街口碑的课题扔给我后，我脑子里就再也装不下别的事了。

05-05 口碑信息

　　所谓口碑，说白了就是顾客对商品或商店的自由评价。所以，我想收集的并不是在店门口拉顾客写的那种评论，而是顾客在 SNS 等地方主动发布的文章。于是从今早上班开始到现在，我一直在网上搜索商业街名以及各个店名，浏览着相关的口碑信息。

　　天羽小姐照例在接待室打盹。今天逸子小姐一大早就出去搞"业务"了，然而具体是什么"业务"，我到现在都不清楚。虽说曾经以"想多了解工作上的事"为由求逸子小姐带我一起去，但最终还是被她用招牌式的笑脸糊弄过去了。临近中午，在接待室打盹儿的天羽小姐终于睁开了眼，走进办公室说道：

　　"喂，快到饭点儿了，你要先去吃吗？还是等我回来了再吃？"

　　在 AMO'S 事务所，逸子小姐但凡早上来上班且有空闲时间，就会在"属于她的"厨房里做"马铃薯天堂 – 极品牛肉咖喱"或是"天羽家秘制 – 超美味土豆炖牛肉"之类的饭给我们吃（顺便一提，牛肉、土豆、白米饭都是天羽小姐的最爱，不过白米饭仅限精米，糙米饭她是不吃的）。可惜这种幸运日实在难得一遇，所以我通常都是买盒饭或者在商业街解决午饭问题。另外，由于天羽小姐坚持"营业时间 AMO'S 事务所必须留人"，所以除了赏樱那次之外，我们 3 个从来没有一起离开过公司。

　　"啊，天羽小姐您先去吧。我还想再弄一会儿。"
　　"你小子，从大清早到现在到底在弄什么？"

　　天羽小姐走过来，不由分说地把笔记本电脑转向了自己。

　　"还在做网页抓取？"
　　"诶？您是指浏览网页？"

"我说的是网页抓取，就是收集博客等 SNS 网站页面中的文本。你们通常看到的网页往往花里胡哨的，里面又是图片又是视频，但这其实是浏览器搞的鬼。浏览器访问的是 HTML 文件，那玩意实质上只是一堆文本。你在浏览器窗口里随便找个地方点右键。"

"这样吗?"

"看见那个'查看源代码'没? 点一下。"

我按天羽小姐说的点击鼠标，随后弹出来一个白色窗口，把色彩缤纷的网页都覆盖在了下面。

```
<dt>八八花（hatihatihana）</dt>
<dd>日本全国通用的花札①，定型于明治时期，由全国各地的地方花札图案统一而来
<dt>北海花（hokkaihana）</dt>
<dd><a href="/wiki/%E5%8C%97%E6%B5%B7%E9%81%93" title="北海道">北海道
</a>地区流传的花札。</dd>
```

图 05-11
HTML 源码标签的部分图

"全都是文字啊。"

"对，这就是 HTML 文件。不管浏览器显示的多么花哨，其背后也只不过是一堆文本。不同的是这种文件里有标签，也就是那些用 < > 括起来的命令。它们能起到更改文字颜色大小等作用。浏览器在这里负责把有标签的部分装饰起来。比如指定 <B> 强调 </B>，浏览器就会把中间'强调'二字用线条较粗的黑体字显示出来。利用这一机制，从特定标签中抽取字符串等的手法就叫作网页抓取。比如在'2ch'上，留言内容都位于 <dd></dd> 标签里。"

"所以先查看这种源代码，然后搜索 <dd> 部分就行了吗?"

"原理上没错，但这比复制粘贴整个页面还要麻烦。更何况俵太，你小子总是粗心大意的，这种事上肯定会出错。"

"嘿嘿嘿。"

---

① 即花斗，又名花牌，花纸牌。共 48 张牌，每 4 张构成一个月，共 12 个月。这 48 张牌里隐含着日本世风、祭祀、各种行事、仪式、风俗等。——译者注

我不好意思地笑了。

"你傻吧？哪有被人损了还嘿嘿笑的？听好，从网页中抽取特定部分的工作要交给电脑处理，或者说让 RStudio 处理。"

"诶？ RStudio 连这个都能做到！？"

"能。虽然具体要看网页，但总的来说很简单。举个例子吧，你在维基百科里搜索**花札**试试。知道花札是什么吧？"

"在动画《夏日大作战》里看到过，是一种卡牌游戏吧？"

"唉，跟现在的年轻人真是没法交流。看到网页下面那张表没？最左端那列是**月名**，旁边那个是**花**。"

我向下拖动滚动条，眼前出现一张表，表中嵌着许多色彩艳丽的图片。

"要想只把这张表取出来……真碍事，你先让开。"

接下来是这间办公室里经常发生的一幕——我被抓着肩膀硬生生地从座位上起身，天羽小姐往电脑前"噗通"一坐，开始飞速地敲击键盘。

"来看吧。"

见她站起身，我重新坐回位子上查看电脑屏幕（⇒ Code05-07）。

"啊，好厉害！！真把表取出来了！！"

"这才是真正的网页抓取。当然了，维基百科上的 HTML 相对简单，所以抓取起来费不了太多事。其他网页的源代码结构会复杂很多，很难保证一次性提取干净。遇到这种情况就需要多试几次了。但再怎么说也比复制粘贴来得方便。"

"其实，这个点评网站上有个为咱们商业街专设的讨论区。"

图 05-12
花札

花札的图案请参照下表。

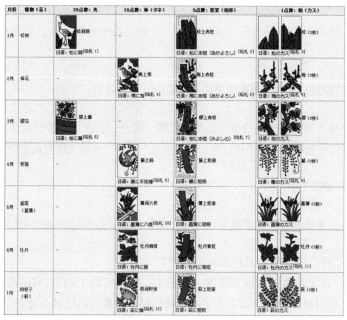

月份	植物（花）	20点牌：光	10点牌：种（タネ）	5点牌：短笺（短册）	1点牌：粕（カス）
1月	松树	松间鹤 日语：松に鶴[绘札 1]	—	松上赤短 日语：松に赤短（あかよろし）[绘札 2]	松（2枚） 日语：松のカス[绘札 3]
2月	梅花	—	梅上莺 日语：梅に莺[绘札 4]	梅上赤短 日语：梅に赤短（あかよろし）[绘札 2]	梅（2枚） 日语：梅のカス[绘札 5]
3月	樱花	樱上幕 日语：桜に幕[绘札 6]	—	樱上赤短 日语：桜に赤短（みよしの）[绘札 7]	樱（2枚） 日语：桜のカス
4月	紫藤	—	藤上鹃 日语：藤に不如帰[绘札 8]	藤上短册 日语：藤に短册	藤（2枚） 日语：藤のカス[绘札 9]
5月	溪尾（菖蒲）	—	菖蒲八桥 日语：菖蒲に八桥[绘札 10]	菖上短册 日语：菖蒲に短册	菖蒲（2枚） 日语：菖蒲のカス
6月	牡丹	—	牡丹蝴蝶 日语：牡丹に蝶	牡丹青短 日语：牡丹に青短	牡丹（2枚） 日语：牡丹のカス[绘札 11]
7月	胡枝子（萩）	—	萩间野猪 日语：萩に猪[绘札 12]	萩上短册 日语：萩に短册	萩（2枚） 日语：萩のカス

图 05-13
花札的种类（来自维基百科[①]）

---

① https://zh.wikipedia.org/wiki/ 花札。——编者注

```
>    A    B                        C
> A 1月  松树                      松上鹤[绘札 1]
> B 2月  梅花                      —
> C 3月  樱花                      樱上帘幕[绘札6]
> D 4月  紫藤                      —
> E 5月  菖蒲                      —
> F 6月  牡丹                      —
> G 7月  胡枝子（萩）              —
> H 8月  芒草（坊主）              芒上月[绘札 13]
> I 9月  菊花                      —
> J 10月 枫叶（红叶）              —
> K 11月 柳树（雨）[绘札 16]       柳间风（小野道风）[绘札 17]
> L 12月 泡桐[绘札 16]             桐上凰
>    D    E
> A  —                            松上赤短[绘札2]
> B  梅上莺[绘札4]                 梅上赤短[绘札2]
> C  —                            樱上赤短[绘札7]
> D  藤上鹃[绘札8]                 藤上短册
> E  蒲间八桥[绘札 10]            蒲上短册
> F  牡丹蝶                        牡丹青短
> G  萩间猪[绘札 12]              萩上短册
> H  芒上雁                        —
> I  菊上杯[绘札 14]              菊上青短
> J  枫间鹿[绘札 15]              枫上青短
> K  柳上燕                        柳上短册
> L  —                            —
>    F
> A  松（2枚）[绘札3]
> B  梅（2枚）[绘札5]
> C  樱（2枚）
> D  藤（2枚）[绘札9]
> E  菖蒲（2枚）
> F  牡丹（2枚）[绘札 11]
> G  萩（2枚）
> H  芒（2枚）
> I  菊（2枚）
> J  红叶（2枚）
> K  柳雷雨鼓[绘札 18]
> L  桐（3枚）[绘札 19]
```

图 05-14
网页抓取的结果（⇒ Code05-07）

我一边说着一边打开网页，随后天羽小姐伸手过来，调出了该页面的 HTML 源代码。

"这个好对付。只要指定表格标签，然后把发帖人的属性和留言什么的放进各列就行了。"

她指着屏幕某处说道。

`<table><tr>`	`<th>`用户`</th>`	`<th>`性别`</th>`	`<th>`年龄`</th></tr>`	`<th>`留言`</th>`	`</tr>`
`<tr>`	`<td>`撒旦`</td>`	`<td>`♂`</td>`	`<td>`20～29`</td>`	`<td>`拱廊太暗了`</td>`	`</tr>`
`<tr>`	`<td>`山城`</td>`	`<td>`♀`</td>`	`<td>`30～39`</td>`	`<td>`减价日太少`</td>`	`</tr>`

"HTML 的制表命令是 `<table>` 标签。其中每行的开头结尾用 `<tr></tr>` 表示，列用 `<td></td>` 表示。如果表头要设置列名，那么就要用 `<th></th>` 来表示。所以说，用 RStudio 抽取表格时，首先要寻找 `<table>` 标签，然后把 `<td>` 标签里的内容提取出来。这个网站也很简单，第一列是用户名，第二列是性别，第三列是年龄，第四列是留言，仅此而已。"

"好厉害，这样一看，手动复制粘贴的人简直傻透了。"

万年扑克脸的天羽小姐噗嗤一声笑了出来。我还是第一次见到她笑！而且笑容居然这么甜!!

"总之，能让电脑来做的就尽量交给电脑做。人的体力和脑力应该用在其他地方。话说，你收集口碑信息是想干什么？"

"做文本挖掘。"

"又是这个？这次的目的又是什么？"

"诶？目的？目的就是做文本挖掘啊。"

只见天羽小姐眼镜片一闪，我的后脑勺就吃到了入职以来最重的一拳。

"蠢货，漫无目的是办不成事的。尤其是文本挖掘，总有人觉得只要把文章分割成单词再制成图表，就能拿到一份像样的结果。这种想法反而最要命。在动手之前，得先明确自己想查什么才行。"

"啊！是！明白了！"
"那么，你想查什么？"
"呃，这个嘛……比如不同年龄或性别对商业街的印象是否一致啥的。"
"唉，老套。不过总比闭着眼瞎蒙强。"
"那么，我先试试网页抓取。"
"行。那我先吃午饭去了，回来再给你检查。"

天羽小姐左右扭扭脖子，揉揉发酸的肩膀，离开了办公室。

接下来的时间里，我试图按照天羽小姐教的方法从论坛上提取留言信息，但这个网页的结构比维基百科上花札的那个还要复杂，处理起来并没有那么简单。可我还是不愿就此认输，于是翻着办公室里的RStudio手册，在网上搜索着相关信息，一边参考一边摸索，最后总算是成功地提取出了与商业街相关的留言。虽然从结果看来消耗的时间比一个个复制粘贴少不到哪去，但这次的经验应该能在今后的工作中派上用场。现在大约保存了300条留言，以及对应的发帖人的属性（即性别、年龄）。由于太过专注于操作，我竟然不记得自己还没吃饭，等到回过神来，时钟已经走过了1点。在独自完成代码的成就感与轻度疲劳感的作用下，我的肚子很快开始了抗议。正巧这会儿天羽小姐回来了。

"喂，我给你带了盒饭和咖啡。"

把手中的塑料袋塞进我怀里后，她转头去看电脑屏幕。

"啊，谢谢。诶？这里怎么有两盒？您不是在外面吃了才回来的吗？"
"蠢货，两盒都是给你的。你就当是公司福利，赶紧吃去吧。行了，让开位子。"

天羽小姐二话不说伸手过来拽椅子，一手筷子一手盒饭的我赶忙站起来。公司里也没别的地方可去，我只好暂借逸子小姐的桌椅一用。

"嗯，看样子数据倒是提取出来了。"

对面的天羽小姐开始操作电脑，看来没啥大问题。我不禁舒了口气。

"不过，后面可就没那么简单了。你是想比较各年龄段各性别的留言，看看分别是哪类留言居多对吧？那样的话，需要对留言栏进行词素分析，然后将获得的单词频数按年龄和性别分别统计。"

"您觉得我能行吗……"

"没戏。"

否定得很干脆。

"别在意，纯数据操作向来不好对付。更何况文本挖掘还有许多麻烦的前置处理。这玩意得有经验才行。这次我来写代码，你坐那吃你的就行了。"

说完，天羽小姐开始专心致志地敲键盘。其间偶尔停下手，盯着屏幕"原来如此""喊"地嘟囔两句，估计这堆数据对她而言也相当棘手。不过在我吃完盒饭，拉开罐装咖啡的拉环时，她的工作似乎已经告一段落了。

"已经弄好了？"

"还没彻底整理好，但就现阶段分析而言应该足够了。"

从我把座位让给天羽小姐起到现在总共还没有 30 分钟。不愧是天羽小姐，果然厉害。

"我得出了这么一个文本矩阵。词素总量本来有将近 2000 个，但这里只筛选了出现次数超过 30 次的。"

天羽小姐流畅地敲着键盘，指法一如既往地精确有力，透着一股豪爽。转眼间，RStudio 的窗口中已经铺满了代码，看来处理已经结束了。

表 05-03　文本矩阵（⇒ Code05-08）

	男 20~29	女 20~29	男 30~39	女 30~39	男 40~49	女 40~49	男 50~59	女 50~59	男 60~69	女 60~69
待客	1	7	13	6	5	10	8	13	5	16
促销	5	13	8	22	9	10	14	10	9	21
孩子	1	7	4	13	2	10	3	6	5	8
诊所	3	2	3	4	5	8	6	5	1	11
便宜	9	34	17	47	21	43	23	37	29	45
育儿	1	12	4	8	5	6	5	3	5	12

"诶？30 次？为什么只筛选 30 次的？"

"30 这个数倒没什么特殊意义，重点是要把单词量缩小。将近 2000个单词画到一张图里你也看不出一二三来吧？"

"这倒也是。"

"所以要筛选出整体使用次数较多的单词进行考察。这个表已经把用户按年龄和性别分了组，每组占一列，像"男 20~29"、"女 30~39"这样。然后行是被使用过的单词，我们可以看到各组使用这些单词的频数。总之先做个聚类分析吧。"

"这图……怎么跟鬼脚图 ① 似的？"

"这叫系统树图。所谓聚类就是组。你看着图 05-15 下方的中间部分，"男 20~29"和"男 30~39"排在一起，对吧？从它们俩出发分别有一条线向上延伸，然后结合在了一起，这表示 20 多岁的男性和 30多岁的男性意见相仿。"

"诶？这结果是怎么得出来的？"

```
> reviews.clus <- reviewsdata %>% t %>% dist %>% hclust
> reviews.clus %>% plot
```

---

① 鬼脚图又称"画鬼脚""阿弥陀签"，就是在几条平行竖线之间有短横线连接，玩家从任意竖线的一端出发向另一端行进，每遇到交点必须转弯，最后抵达的竖线另一端便是抽中的签。——译者注

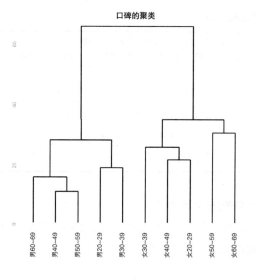

图 05-15
对博文进行聚类分析
（⇒ Code05-09）

　　"词素分析在抽取出名词、形容词、动词后，会将它们各自的频数总结成几个聚类，然后换算为向量。接下来只要比较这些向量的距离，再将距离较近的总结在一起，就能得到刚刚那张图了。"

　　"呃……不好意思，我完全没听懂。"

　　"文本的向量大概就是这种感觉。每个箭头分别代表一个聚类，箭头内部的数值表示相应单词的频数。有些参考书中就是用箭头来表示这类向量的。"

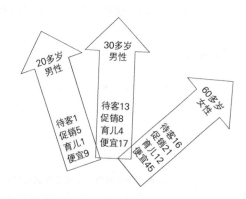

图 05-16
向量的概念图

"虽然数值代表着单词的频数，但它们在所有向量里的排列顺序都是一样的。"

"莫非这些箭头就代表了文章？"

"这个嘛，这毕竟只是个概念图，实际情况要抽象得多，我只是拿它来帮助你理解而已。然后，数据分析中要做的，就是测量这些箭头之间的距离，距离较近意味着措辞相仿。这很好理解，因为数值代表的就是单词的频数。比如现在这份数据的向量，20多岁的男性和30多岁的男性使用单词的方法很接近，但跟60多岁的女性比起来就不太一样了。刚才那张系统树图就是以向量之间的距离为基础生成的，它表示了各个向量之间的近似程度。"

"呃，就是不断合并最相近的2个向量吗？"

天羽小姐点了点头没说话。

"整体上来看，貌似男性和女性也分化得很明显啊。"

"确实。能看出不同年龄段和不同性别之间存在意见差异。接下来看看单词和属性之间的详细关联吧。来个CA试试。"

"CA？"

"Correspondence Analysis，**对应分析**，也叫**关联分析**。用来研究问卷答案与答卷者属性之间的关联性。"

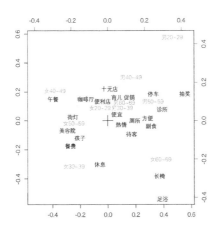

图 05-17
对应分析（⇒ Code05-10）

这种图我见过。

"这是双标图吧！"

"对。你跟逸子学过主成分分析了？那就好办了。对应分析与主成分分析一样，都要通过双标图来查看结果。这种图是基于散点图绘制出来的，绘制之前要先调查数据与各个项目的关联性，将近似的东西排在一起。简单说来，它就是一张罗列着组或聚类的图，这些聚类在性别、年龄以及单词出现频数方面有着相似之处。你能从这图里看出些什么吗？"

"啊，稍等……"

我一边思考一边用食指在屏幕上轻轻比划着双标图。

"呃……红色（图 05-17 中为灰色）文字是根据年龄段和性别划分的组。女性组，呃，应该叫聚类是吧？女性聚类集中在左侧，就是说散点图的左侧反映了女性的意见。同理右侧是男性聚类。然后再上下看，位于下方的是 **50 多岁的女性**和 **60 多岁的女性**，都是年纪比较大的人。这就表示，出现在图下半部分的**长椅**、**休息**、**厕所**等单词，应该大多出自高龄者给出的意见。反观左上角，这里出现的单词是**午餐**、**便利店**、**咖啡厅**、**十元店**，这些应该是年轻人在留言时用到的单词吧？"

"有点道理。从这里看，年轻顾客更希望商业街开设便利店和十元店，当然具体如何还要仔细核对问卷上的描述才行。在这个双标图上，**午餐**和 **20 多岁的女性**被排在一起，或许是因为从年轻女性的角度讲，这里可供吃午餐的店太少了。至于高龄女性方面，比较突出的意见是希望开设供人休息的区域。另外，在对应分析中，普遍存在于所有聚类里的意见会集中在原点附近。以这张图为例，**便宜**和**促销**属于此类。当然了，这俩需求显然不局限于商业街，人们肯定希望所有店铺都能便宜或者搞促销。"

"原来如此，这个真有意思。"

"但是别忘了，这里各年龄段、性别的回答数并不均等，我只是对使用次数达到 30 次的单词进行了分析，所以这个结果不可能完全反映总体的意见。话虽如此，这张图里体现的信息仍有参考价值。"

"懂了!"

"我再强调一遍，过度自信是要不得的。行了，把刚才分析出的东西告诉商业街会长去吧。"

天羽小姐严谨的态度贯彻始终。不过话说回来，用文本挖掘技术将网上的口碑信息制成图表，这确实挺有意思的。再者，分析这些图表没准还能找出搞活商业街的点子，何乐而不为呢？

过了不大一会儿，逸子小姐跑完"业务"回到公司，我赶忙把商业街口碑的分析结果拿给她看。她很开心，笑着说："诶，有意思呀，咱们把它拿给樱田先生吧。"随即带着我一起造访了商业街会长经营的酒馆。樱田先生此时正在忙着做夜间营业前的准备，对我们说的事并没有很上心，但听到逸子小姐提议"把空了的店铺重新利用起来，搞一些休息区供顾客们给孩子换换尿布什么的"之后，脸上露出了沉思的表情。

"其实我们理事会这边也提到过，说想设置一些休息设施来跟车站商场竞争。原来顾客那边也有这个需求啊。"

"根据俵太的分析，现在的顾客，特别是高龄女性，她们要求设置休息区的呼声越来越高了。"

说完，逸子小姐笑着拍了拍我的后背。

"那么，既然你俩这么说，再加上有天羽小姐拍板，那我这边也努把力好了。正好前年有家饼干店关门，隐退的店老板也说了空店面随便商业街怎么用。"

我做出这份分析结果原本只是为了练习，如今却在商业街实际发挥了作用，自然是一件让人高兴的事，但同时责任感也压到了肩上。后来才知道，在商业街里设置休息区的主意很早就有人提过，逸子小姐自然也清楚这件事。只是当初樱田先生以商业街预算有限为由，把这事一拖再拖，貌似还招来了部分店主的不满。这次见我从口碑信息中分析出"客人们想要休息区"，逸子小姐觉得时机已到，便拿分析结果推了樱田先生一把。不管怎样，经历了休息区一事之后，"这次这个叫田中的新人貌似挺能干"的评价就在商业街流传开了。我可不想让人觉得自己名不副实。好！以后要加倍努力学习！我抬起双手拍了拍脸颊，给自己鼓了把劲。

天羽总经理的统计学指南

●文本挖掘

将文本视为数据，进而对文章内容或相似程度等进行考察，这类技术和成果统称为文本挖掘。把文章以单词为单位分割并推测词性的技术称为词素分析。对文章套用词素分析，能够将单词（词素）和其出现次数（频数）统计成表。其中，如果一张表同时以多个文本为对象，且表中分别统计了各文本的单词频数，那么这张表又可称为**文本矩阵**。由于将文章转换为频数表或矩阵之后可以直接套用多种数据分析技术，所以现在已有大量的人开始尝试以专利文本、博客、SNS 网站留言等为对象进行数据分析。

●主成分分析

这是一种简化数据，以方便人们从图中查看数据特征的手法。如果一份数据包含从对象中获取的多个测定值，那么这份数据就称作"多元数据"。比如找两位作家，分别以他们各自的作品为对象统计"的，""呢，""地，"等 8 种"助词＋逗号"的频数，其统计结果就是多元数据。本章正文中，我们试图通过 8 个频数调查两位作家在写作方面的不同之处。遇到该类情况时，完全可以把 8 个频数压缩，或者说浓缩成 2 个，因为这样做有时候能让数据的特征更加突出。这个浓缩的结果称为**主成分**，取 2 个主成分分别作为横轴和纵轴制成散点图，就能更方便地找出数据的特征。主成分分析的散点图被称为**双标图**。另外，主成分可以用公式表达，具体形式如下所示。

主成分 = 系数 1 × 原数据的变量 1 ＋系数 2 × 原数据的变量 2 ＋…＋系数 7 × 原数据的变量 7 ＋系数 8 × 原数据的变量 8

简而言之，主成分就是从原数据的变量中汲取信息并加以整合的结果。

●聚类分析

这是一种给数据分组的手法，便于人们将相似的数据划归成一组。如此划出的组称为聚类。数据的相似程度通过距离来判断。求距离的方法有很多，其中最简单的是使用欧几里得距离。欧几里得距离指的是先求出2个对象各对应数据之差的平方和，再把所得平方和开方之后得到的数值。

$$\sqrt{\sum (X-Y)^2}$$

比如哥哥的语数外成绩分别为70、30、80，弟弟的为40、80、30，那么两人的距离如下。

$$\sqrt{(80-30)^2 + (70-40)^2 + (30-80)^2} = 76.8$$

另外，在主成分分析中，我们通常靠观察数据在双标图上的位置关系来判断相似程度，但在聚类分析，系统树图（类似鬼脚图）会帮助我们给相似的数据分组。

●对应分析

这是一种检查特定属性（性别、年龄等）是否存在特定回答模式的优秀手法。回答模式的相似程度会按照各属性进行压缩。从这个方面讲，它与主成分分析有着相似之处，而且同样要在双标图中查看结果。如果属性与回答有着较强的关联，那么它们在双标图上的距离将会很近，所以人们能够根据位置关系来解释数据。比如我们怀疑欧美人的发色和瞳色之间存在着某种关系，那么我们可以进行如下分析。

		瞳孔			
		茶色	蓝色	棕色	绿色
头发	黑色	36	9	5	2
	茶色	66	34	29	14
	红色	16	7	7	7
	金色	4	64	5	8

对发色和瞳色进行对应分析，可以得到如下双标图。

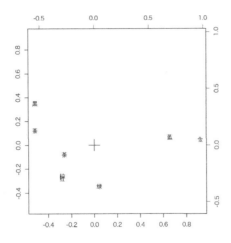

右侧"蓝"和"金"排列在一起，表明头发为金色时，瞳孔颜色多为蓝色。

本章出现的 $\mathcal{R}$ 代码[①]

● Code05-01 尝试数据挖掘（P.173）

　　文本挖掘需要用到分词器，于是我们先安装 MeCab[②]。不同 OS 下的安装方法不同，具体情况请参考"**番外篇**"部分。

　　另外，如果各位使用的是 Mac 系统，那么还需要安装 XQuartz 才能生成网络图。各位可以访问 http://xquartz.macosforge.org/landing/ 并下载 XQuartz-2.7.7.dmg（各位阅读本书时版本可能已经更新），双击即可安装。

```
> # 安装让MeCab与R联动的RMeCab
> install.packages("RMeCab", repos = "http://rmecab.jp/R")
> # 加载RMeCab，为后面的使用做准备
> library(RMeCab)
> # 读取《奔跑吧梅勒斯》全文并进行词素分析
> m <- NgramDF("melos.txt", type = 1, pos = c("名词","形容词",
"动词"))

> library (dplyr)
> # 筛选出使用频率达到一定程度的词汇（这里筛选了使用次数超过2次的词汇）
> m.df <- m %>% filter(Freq > 2)
> # 安装并加载绘制网络图的程序包
> install.packages("igraph")
> library(igraph)
> # 将词汇的关联网络化
> m.g <- graph.data.frame(m.df)
> E(m.g)$weight <- m.df[,3]
```

[①] 由于软件版本和作品版权等问题，本节中的部分内容不便汉化，敬请谅解。各位读者可以根据从本书中学习到的思路，使用适当的软件版本和中文语料进行实践。——编者注

[②] 由于 MeCab 是一款日文分词器，不支持中文，所以下面的代码中需要加载日文版《奔跑吧梅勒斯》，各位可以在本书提供的数据文件夹 Chapter05/melos.txt 中查看（http://www.ituring.com.cn/book/1809，点击"随书下载"）。

——译者注

```
> # 绘制网络图 ( 会弹出另一窗口 )
> tkplot(m.g, vertex.label =V(m.g)$name, edge.label =E(m.g)$weight ,
 vertex.size = 23, vertex.color = "SkyBlue")
```

此外，生成的网络图上的点和线可以移动。菜单中也为用户提供了其他绘图工具，各位不妨一试。

● Code05-02 调查不同作者的写作习惯（P.175）

利用 MeCab 和 RMeCab 可以在 R 上实现文本的词素分析。现在我们指定一个存有森鸥外和夏目漱石的作品各四部的文件夹，让 R 分析文件夹内的所有文件。这里使用的数据可以从青空文库下载。

森鸥外：

『雁』(《雁》),『かのように』(《似乎》),『ヰタ・セクスアリス』(《性欲生活》),『鶏』(《鸡》)。

夏目漱石：

『硝子戸の中』(《玻璃窗里面》),『思い出す事など』(《往事种种》),『三四郎』(《三四郎》, 开头部分),『夢十夜』(《十夜梦》)。

```
> # 文件夹literature中保存着森鸥外和夏目漱石的共计8部作品
> # 分析文字之间的接续情况 ( 需花费数秒 )
> m <- docNgram ("literature", type = 0)
> # 缺省列名时会直接使用文件名，所以改为更直观的名称
> colnames (m) <- c("欧外1","欧外2","欧外3","欧外4","漱石1",
"漱石2","漱石3","漱石4")
> # 现阶段m中存有海量信息。这里仅筛选出8种助词与逗号的组合
> m <- m [ rownames(m) %in% c("[と-、]", "[て-、]", "[は-、]",
 "[が-、]", "[で-、]", "[に-、]", "[ら-、]", "[も-、]" ) , ]①
> m # 查看数据
```

---

① 不会输入日文的读者可以上网搜索关键字"五十音图"，从中复制粘贴，或直接从本书提供的代码中复制粘贴（http://www.ituring.com.cn/book/1809，点击"随书下载"）。——译者注

● Code05-03 将 "で、" 和 "が、" 的频数制成散点图（P.176）

可通过 "で、" 与 "が、" 的频数区分森鸥外和夏目漱石。我们将其制成图表来看一下。

```
> dega① <- data.frame(が = m[1,] ,で = m[3,],作家=c("欧外","欧外",
"欧外","欧外","漱石","漱石","漱石","漱石" ))
> library(ggplot2)
> dega %>% ggplot(aes(x = が, y = で , group=作家 ) ) +
geom_point(aes(shape = 作家), size = 6) + scale_shape(solid = FALSE)
```

● Code05-04 加入太宰治，重新分析助词与逗号的频数（P.177）

```
> m2 <- docNgram ("taizai", type = 0)
> colnames(m2) <- c("太宰1","太宰2","太宰3","太宰4",
"欧外1","欧外2","欧外3","欧外4",
"漱石1","漱石2","漱石3","漱石4")
> m2 <- m2 [ rownames(m2) %in% c("[と-、]", "[て-、]", "[は-、]",
"[が-、]", "[で-、]",  "[に-、]",  "[ら-、]",  "[も-、]" ) , ]
> dega2 <- data.frame(が = m2[1,] ,で = m2[3,],
作家=c("太宰","太宰","太宰","太宰",
"欧外","欧外","欧外","欧外",
"漱石","漱石","漱石","漱石"))
> dega2 %>% ggplot(aes(x = が, y = で , group=作家 ) ) +
geom_point(aes(shape = 作家), size = 6) + scale_shape_manual(values
= c(21, 15, 24))
```

从散点图中可以看到，太宰的写作习惯并没有与其他两位有明显的区别②。

● Code05-05 主成分分析（P.178）

R 执行主成分分析非常简单，只要对数据套用 prcomp 函数，保存结果，再对结果执行 biplot 即可。

---

① dega 是日语单词 "で" 和 "が" 的罗马音拼写。

② 太宰治的文章放在文件夹 Chapter05\taizai 中。——译者注

```
> # 在管道处理的中间加一个t函数，将数据横过来（即行列互换）
> m2.pca <- m2 %>% t %>% prcomp
> m2.pca %>% biplot (cex = 1.8) # cex = 1.8这个值可以调整文字大小
```

● Code05-06 显示用主成分分析压缩信息后的结果（P.178）

```
> round (m2.pca[[2]], 2)
```

```
            PC1    PC2    PC3    PC4    PC5    PC6    PC7    PC8
[が-、] -0.12   0.18   0.61   0.23  -0.44   0.49  -0.22  -0.24
[て-、] -0.23   0.84  -0.34   0.00  -0.17  -0.01   0.30  -0.07
[で-、] -0.05   0.27   0.68  -0.36   0.19  -0.54   0.08   0.07
[と-、]  0.05   0.19  -0.12  -0.16  -0.29  -0.08  -0.64   0.64
[に-、] -0.02   0.25   0.08   0.70   0.60  -0.05  -0.26   0.13
[は-、] -0.90  -0.28  -0.04   0.16  -0.14  -0.26  -0.04   0.04
[も-、] -0.33   0.03   0.07  -0.41   0.47   0.63   0.10   0.31
[ら-、] -0.11   0.10  -0.19  -0.33   0.25  -0.04  -0.60  -0.64
```

● Code05-07 网页抓取（P.189）

通过互联网从各个网站获取数据的手法称为网页抓取，我们需要安装一个程序包来轻松实现网页抓取。

```
> install.packages("rvest")
> library(rvest)
> library(dplyr)
> # 获取花札的维基百科页面，耗时约2秒
> wiki <- html("https://zh.wikipedia.org/wiki/%E8%8A%B1%E6%9C%AD")
> huazha <- wiki %>% html_nodes("table") %>% .[[5]] %>%
html_nodes("td") %>% html_text()
> dim(huazha) <- c(6,12)
> huazha %>% t %>% as.table
```

另外，如果是 Mac 系统，还可以通过下述方法执行（请注意，由于文字编码问题，Windows 下无法正常运行）。

```
> html <- html("https://zh.wikipedia.org/wiki/%E8%8A%B1%E6%9C%AD")
> hua <- html_table(html_nodes(html, "table")[[5]])
> hua
```

● Code05-08 口碑数据的分析（P.193）

本书不便公开实际的口碑数据，所以为各位准备了虚构的数据。各位请执行下述命令将其读入 RStudio。

```
> reviewsdata <- read.csv("reviewsdata.csv", row.name = 1)
```

● Code05-09 聚类分析（P.194）

进行聚类分析时，首先要用 dist 函数计算数据之间的距离，然后再借助 hclust 函数将数据划分为聚类（本例中追加了 1 个用 t 函数对调数据的行与列的步骤）。

```
> reviews.clus <- reviewsdata %>% t %>% dist %>% hclust
> #  根据执行结果生成图表
> reviews.clus %>% plot
```

须注意的是，各位在本书中看到的系统树图是通过专用程序包绘制的。想获得同样效果的读者可按下述方法操作。

```
> install.packages("ggdendro")
> library("ggdendro")
> library(ggplot2)
> reviews.clus %>% ggdendrogram(rotate = FALSE,size = 20) +
labs(title= "口碑的聚类") + xlab ("聚类") + ylab( "相似度") +
theme_bw(base_size = 18)
```

● Code05-10 对应分析（P.195）

用 R 进行对应分析时，只要调用 MASS 程序包中的 corresp 函数即可。如果希望结果以散点图的形式输出（即有 X 和 Y 两个轴），请指定 nf=2。

```
> reviews.cor <- reviewsdata %>% MASS::corresp(nf = 2)
> reviews.cor %>% biplot(cex = 1.6)  # cex = 1.6这个值可以调整文字大小
```

杂货店屡遭贼！预测小偷的行为

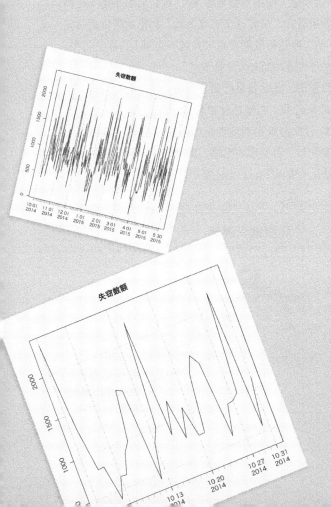

失窃数额

失窃数额

06-01 初次周末上班

　　AMO'S 事务所除了新年和盂兰盆节之外全都是营业日。换句话说，这里一周七天全都是工作日，一天不歇。所以每到周末，我们 3 人中就得有一个人来公司，按周轮换。今天和明天是我入职以来第一次值班。周末值班待到中午即可，还能拿到补贴。

　　但对我这一介新人来说，独自担起整个公司的业务实在心里没底，所以昨天缠着天羽小姐和逸子小姐一个劲儿地问"有客人来了该怎么办"，结果这二位都一口咬定"根本不会有客人"。最后天羽小姐实在拗不过我，丢下一句"如果有客人来要这个求那个的，你把他轰出去就完事儿了"，这事才算了结。我觉得既然没有客人就不必叫人待在公司啊，可天羽小姐表示"确保公司随时都有人才是重点"。

　　总之，这个周末我值班。此时我早已到了公司，内心有些紧张，坐到办公桌前打开随手带来的书，心里还念叨着"千万别来人"。公司的窗户隔音很好，关上以后完全听不到商业街的嘈杂。借着这难得的清静，正好可以学学 R 和统计。可惜事与愿违，我本以为今天能吸收不少知识，但空旷的屋子总让人安不下心，无法集中注意力。

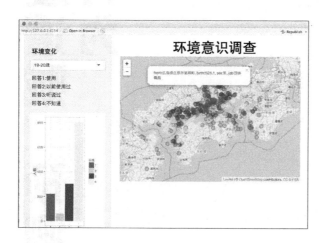

图 06-01
RStudio 与
OpenStreetMap
关联

无奈之余，我放下书本上起了网。网络世界真是广阔无边，介绍 RStudio 的站点一搜一大把，从基本用法的讲解到高级技巧的说明应有尽有。在某个网站，我还发现 RStudio 不仅能用来做数据分析和生成图表，还能与 Google 地图等网络应用关联。

简而言之，就是能将数据与地图关联在一起，而且这样生成的地图可以直接作为幻灯片发布到网上。不得不承认，RStudio 真是款功能丰富的强大软件。当然，软件能干的事越多，也就意味着需要学习的东西越多。对准备在这个行业混饭吃的我而言，这无疑是种压力。

06-02 杂货店的小太郎

正想到这儿，大门的门铃突然响了起来，吓得我一个后仰，险些连人带椅子翻倒在地。抬头看看表，时针指向 11 点，会是谁呢？我心惊胆战地通过电脑屏幕查看来访的人。

"俵太在吧？我是杂货店的小太郎。"

小太郎是商业街杂货店的年轻老板，我有阵子经常在 KANTA 碰到他。由于年纪相仿，我俩很快就熟识了起来。对初来乍到的我而言，他算是我在商业街为数不多的朋友之一。杂货店虽然只有他一个人打理，但商品种类非常丰富，堪比大规模百元店。不过话说回来，里面也确实有不少 100 日元就能买到的东西。

小太郎家有一个合作多年的供货商，平心而论，从那里进的商品无论是设计还是材质都秒杀普通百元店。也正因为这个，他家店在商业街算是小有名气。我快步走出大门把小太郎请进屋。他在接待室的沙发上落了坐，表情和平时没什么两样，但既然会找到这里，肯定是店里出了什么事才对。

"周六还要独自来上班，真是辛苦你了。"
"今天是我第一次周末上班，昨天她们还跟我说不会有客人呢，结果你这一来吓了我一跳。言归正传，你来是有什么事吗?"

我有样学样地倒了杯茶递到他面前，顺便开门见山地问了来意。被我这么一问，小太郎收起了亲切的笑容，突然严肃起来。

"其实，我是为遭小偷偷盗的事来的。"
"啊，小偷啊。"

商业街有不少店家都饱受失窃之苦，这事儿我也略有耳闻。然而，在这边开店的都是个体商户，根本没有余力安置摄像头或者雇专人来防盗。据商业街会长说，很多年轻的小偷其实并不缺钱花，他们偷东西只是为了找刺激。但从店家的角度讲，不能因为你要找刺激就让我蒙受损失吧? 听说最严重的时候，有些店一天就损失数万日元。

另外，现在部分小偷异常嚣张，被抓现行后非但不认错，还把钱扔到地上侮辱人。虽然商业街方面规定抓住小偷后直接通报附近的派出所，但实际上，商业街店主们也不强求给小偷什么处罚，所以绝大部分小偷被交给警察后，也是一顿批评教育就无罪释放了。

"感觉杂货店遭小偷的情况尤其严重啊。"

"是的。每月被盗损失'轻松'破四万。卖小件零碎商品的店容易遭贼是普遍现象了，每年的商业街会议都会讨论到这个问题。其实从去年秋天起，我就痛定思痛，开始在每天关门之后检查货架，计算被偷了多少东西。记录我这都有，能帮忙看看吗？"

说着，小太郎递过来一个 U 盘。

06-03　用图来表示失窃数额

"我也未必能看出个一二三来……"

铺好退路之后，我接过 U 盘，走回办公室把笔记本电脑抱了过来。启动电脑接上 USB，系统自动打开了文件夹，里面是一个 Excel 文件（xiaotailang.csv）。双击打开文件，一份由日期和金额 2 列组成的数据显示在屏幕上。根据小太郎所说，这是半年来失窃数额的记录。

"原来如此。话说小太郎，你从这数据里看出些什么了吗？"
"我要是能看出来就不找你了。"

小太郎苦笑着说道。

"我目前只是个实习的，帮不上你什么忙，不如交给天羽小姐处理吧？"
"呃，这个嘛……其实就是因为不太方便让天羽小姐处理，我才专门挑了只有你在的日子过来。"
"诶？不方便让天羽小姐处理？"
"因为天羽小姐一直觉得我们对待小偷太心慈手软，不该不作处罚就直接放人。她为这事骂我们好几回了。"

"老实说，我也觉得各位应该对他们狠一点。"

"话是这么说，可偷东西的人往往是一些老顾客的家属啊。还有的小偷只是高中或初中学生，罚重了不合适。所以我觉得还是尽量做到防患于未然比较好。"

"嗯……不过，光是这堆数字也看不出什么来。还是制个图吧。"

我用之前学过的知识试着绘制出了线形图。看到屏幕上显示出这么一张玩意，小太郎"喔"了一声。

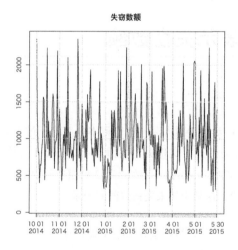

图 06-02
小太郎家失窃数额的变化
（⇒ Code06-01）

"这个真厉害。"

"对我们公司用的这个软件而言，绘图还只是小儿科。"

"啊，你是指 R 吧？"

小太郎的笑容里透着几分苦涩。

"你知道这个？"

"诶？哦不，只是听说过而已。不管怎样，俵太你还真有两下子，居然会用这么复杂的软件。"

　　在他看来或许很了不起，但以我如今的本事，也就只能画一些没啥大用的图。更尴尬的是，图已经摆在眼前了，我却看不出所以然来。

　　"周六日小偷会多一些吗？"
　　"就我家店里而言，周六日反而小偷少一些。当然了，不光周六日，凡是客人增多的日子肯定都要格外提防。不过我家周六日额外雇了人，会定点儿在店内巡视。"
　　"唔，看来我还是不行。虽说你不愿意让天羽小姐来处理，但这事儿交给她恐怕是最好的选择……咦？"
　　"怎么了？"
　　"这貌似是个很有规律的波动啊。"
　　"波动？"
　　"因为半年的数据太多了，实在看不清楚，所以我只把 10 月份的拿出来做了个图。结果你看，小偷数激增的日期是这里、这里，还有这里。单看这三处的话，会发现它们的间隔基本相等。这里是 1 号，13、14、15……然后是 15 号，再然后 27、28、29……恩，29 号。1、15、29，也就是每 14 天出现 1 次。"

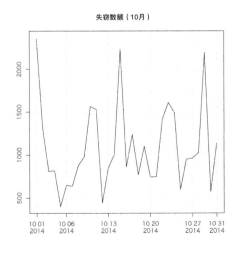

图 06-03
小太郎家 10 月份的失窃
数额（⇒ Code06-02）

"14 天吗? 喔, 貌似是每 2 周就有 1 次非常多的。2 周……这意味着什么呢? 另外, 貌似有些增减跟 2 周这个间隔没什么关系啊。比如这儿和这儿。"

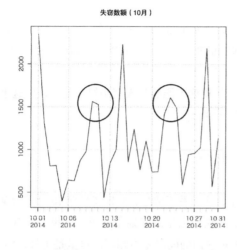

图 06-04
与 2 周这个周期无关的
失窃数额上升

"嗯, 确实。"

分析到这里, 我和小太郎同时叹了口气, 无奈地倒在沙发靠背上。

"要是不愿意让天羽小姐来, 不如去求求逸子小姐吧?"

话刚出口, 小太郎的脸唰地红了。

"呃, 可是……逸子小姐不是整天都跟天羽小姐在一起吗?"
"我问问她现在能不能来。"
"诶? 可今天不该她上班啊。"
"她说了, 有事的话可以叫她出来, 不用顾虑该不该她上班的问题。"

说着, 我掏出手机, 拨通了逸子小姐的号码。

"你居然知道逸子小姐的号码!?"

不知为何，小太郎的表情中似乎带着几分怒意。

"诶？我们是同事，知道号码很正常吧……喂，您好，抱歉在休息日打扰您……"

06-04 时间序列分析

逸子小姐表示"反正闲着也是闲着，这就来公司"。然而从我放下电话起，小太郎就显得不太高兴，时而还会焦躁得坐立不安。他这状态一直持续到 30 分钟过后，也就是逸子小姐抵达公司的那一刻。平常一贯高中校服打扮的逸子小姐今天换上了生活装，洋溢着春日气息的粉色女式衬衫搭配粉色迷你裙，纤细修长的双腿上套着白色过膝长袜。小太郎满脸通红，赶忙起身打招呼。

"真不好意思，休息日还麻烦您……"
"没关系啦。重点是我听说你们在做好玩的事情。"

逸子小姐微笑着在小太郎身边坐下，小太郎却挪到了沙发一端，距离逸子小姐八丈远。看这情况，莫非……

"好啦，先具体讲讲怎么回事吧。"
"啊，好的。"

我把刚才跟小太郎讨论的内容向逸子小姐简要说明了一番。逸子小姐脑子转得很快，一下子就理解了我们的意图。

"唔，是那种'周期似有似无'的感觉吧？但这里不能光凭感觉，要认真分析一下才行。咱们来做个时间序列分析吧。"
"时间序列分析!?"
"时间序列分析!?"

我和小太郎懵得很同步。

"电脑让我用用。"

逸子小姐把我的笔记本电脑拉到身边，将屏幕转到一个我和小太郎都能看清的角度，稍稍斜过身子，熟练地敲着键盘。

"唔，貌似确实有个2周的周期，但这还不足以解释失窃数额的波动。"
"这个'解释'是什么意思？"

小太郎两颊微红地问道。

"也不是什么特别复杂的意思啦。比如说，周六日你家店的营业额会上涨吧？然后，你作为店铺的经营者，肯定能解释周六日营业额上涨的原因吧？"

小太郎快速点了点头，脸颊比之前更红了。

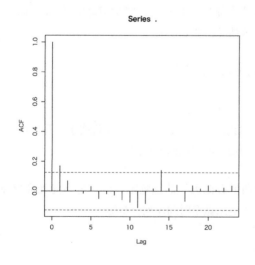

图 06-05
显示周期性的图表
（ ⇒ Code06-03 ）

"这里也是，以 1 周为周期来说的话，周六日营业额上涨是很正常的事情，所有人都能解释这个现象。言归正传，咱们先通过图表来看一下这个数据。"

逸子小姐弄出了一张神奇的图表，并把它全屏显示在了屏幕上。

"这张图要怎么看？"

"这叫自相关图。横轴的数值称为延迟，说白了就是将日期按特定间隔分了段。至于这种图的用处呢，就是把某一天的数据看作起点，调查它与 1 天后、2 天后、3 天后、4 天后的数据是否存在相关。你看，图里有横向的虚线对吧？上下延伸的竖线如果超过了虚线，就可以认为它们与起点是相关的。以这张图为例，第 1 天，或者说 1 天后，以及第 14 天的竖线都超过了横向的虚线，所以失窃数额的向上波动确实有个 2 周的周期。"

小太郎在一旁玩命点头。

"好啦，接下来咱们分析分析整体数据的图吧。"

逸子小姐调出了我之前做的那张图。

"仔细看这张时间序列图会发现，这里和这里，只有这 2 处出现了失窃数额大幅减少的现象，对吧？"

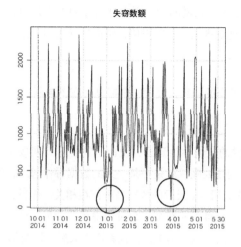

图 06-06
失窃数额减少的时期

　　我和小太郎仔细观察着图表，随后同时"啊"地一声扭头看了看对方。

　　"这是？"
　　"寒假和春假期间吧？"
　　"诶？寒假和春假？那就是说……"
　　"……犯人是初高中生？"

　　我没说出口的半句话被小太郎说了出来。

　　"恐怕，是深山学园高中的学生吧……"
　　"这结论怎么来的？"
　　"根据刚才的周期图，失窃数额每2周就出现1次上扬，并且你们看，每次上扬都是在周三。也就是说，每隔1周的周三是小偷增多的日子。而深山学园高中那边，他们每隔1周的周三下午是不上课的，而且当天禁止举行一切社团、兴趣小组活动。校方的意思呢，是每个月给2次提前回家的机会，供学生们处理各自的自由研究课题。学生们则需要在每学期的期中期末向班主任提交研究报告。对于一些把档案评语看得比较重的，或者有自我目标的学生而言，这一天会拼尽全力去研究课题，但对其他孩子来说等于放了半天假，很容易无所事事。另外，不是有些失窃数额增加的日子与 2 周这个周期无关吗？那些都是这所高中搞活动的日子，学生们下午也不上课。"

逸子小姐又打开一张月历似的图。外形看上去跟月历没什么两样，只是小偷多的日子背景色比较深。相反地，小偷少的日子背景色比较浅。

"还有，那所高中大部分学生的家都比较远，寒假春假的时候，很难在商业街见到他们。"

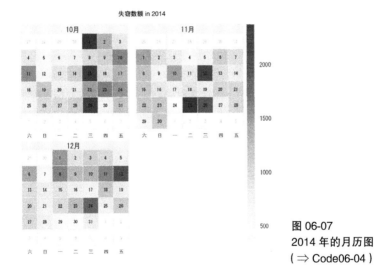

图 06-07
2014 年的月历图
（ ⇒ Code06-04 ）

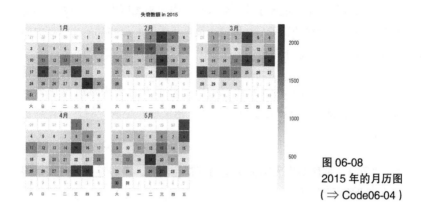

图 06-08
2015 年的月历图
（⇒ Code06-04）

我和小太郎再次大眼瞪小眼。

"从月历上看，周三的颜色都很深，也就是说这些日子失窃数额较多。然后从 12 月末到 1 月初，3 月末到 4 月初，这 2 段日子的颜色都比较浅，也就是失窃数额较少。而这 2 段时间正好是学校放寒假和春假的时候。不过，其他初高中的学生大都来自本地，所以放假期间他们依然经常在商业街露面，对吧？"

06-05 逻辑回归分析

"咱们再从其他观点分析一下。现在把这份数据按小偷多的日子和小偷少的日子分开。按这份数据计算，失窃数额平均每天约 1000 日元，标准差是 450 日元左右。所以数额大于等于 1500 日元的日子可以认为是小偷多的日子，其他则是普通的日子。"

"为什么是 1500 日元？"

"我是把失窃数额超过平均值一个标准差的日子视作了失窃数额偏多的日子。根据的是**正态分布**的性质。"

说起来，在学"均值差异检验"时，天羽小姐也提到过这个。

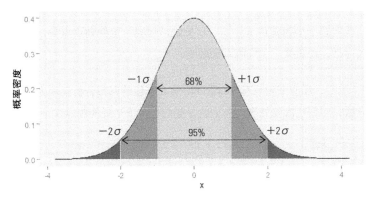

图 06-09
正态分布图示

"平均值 ±1 个标准差的范围内应包含约 68% 的数据。这里的平均值为 1000 日元，标准差为 450 日元，所以加起来是 1450 日元，向上取整等于 1500 日元。我只是把超没超过 1500 日元当成了一个标准，从而将小太郎记录的数据划分成小偷多的日子和普通的日子。这样一来，咱们就能分析 2 种日子的不同之处，看看它们与**周三和深山学园高中的活动**这 2 件事是否有关了。"

"总觉得跟回归分析很像啊。"

"其实就是回归分析啦。不过这种比较特殊，要分析的因素只对 2 种可能性的其中一种产生影响，所以它又叫作**逻辑回归分析**。咱们要做的就是这个。但是在此之前，你先给小太郎讲讲**回归**。"

"诶？我讲？"

逸子小姐把微笑往脸上一挂，我立马没了拒绝的勇气。于是只能将樱田先生家饭团销售额一事从脑子里翻箱倒柜地找出来，把学到的东西尽量讲给小太郎听。面对我这不得要领的讲解，他只是专心听着，一声不吭。

"也就是说，数据之间的关联程度称为**相关**。利用相关，通过一方来预测另一方的手法叫作**回归分析**。另外，被预测的一方称为**反应变量**，用于预测的一方称为**解释变量**。对吧？"

　　我向逸子小姐确认了一下，只见她"嗯嗯"地使劲点点头，照例翘起大拇指，还给我一个飞眼以资鼓励。

　　"然后，反应变量只有 Yes 和 No 这 **2 个值的回归分析**就称为**逻辑回归分析**，咱们这次要处理的数据就是如此。接下来要实际操作了哟。"

```
> xiaotailang.glm <- xiaotailang %>% glm (损失 ~ 周几 + 活动日, data = ., family
= binomial)
> xiaotailang.glm  %>% summary
```

　　"输出内容和上次做的回归分析大同小异，所以咱们只看最关键的回归方程部分。"

```
Coefficients:
             Estimate  Std. Error z value  Pr(>|z|)
(Intercept) -3.497e+00  1.015e+00   -3.445  0.000572  ***
周几周一     1.190e-14  1.435e+00    0.000  1.000000
周几周二     6.645e-01  1.224e+00    0.543  0.587195
周几周三     3.293e+00  1.073e+00    3.068  0.002156  **
周几周四     1.392e+00  1.144e+00    1.217  0.223712
周几周五     1.392e+00  1.144e+00    1.217  0.223712
周几周六     6.931e-01  1.249e+00    0.555  0.578994
活动日yes    2.137e+00  6.912e-01    3.091  0.001992  **
```

　　"把英文部分翻译过来以后是这个样子。"

```
系数:
        估计值    误差    z值    P值
(截距)  -3.497   1.015   -3.445   0.000  ***
周一     0.000   0.720    0.000   0.721
周二     0.665   0.712    0.543   0.663
周三     3.293   0.637    3.068   0.001  ***
周四     1.392   0.700    1.217   0.599
周五     1.392   0.673    1.217   0.279
周六     0.693   0.719    0.555   0.756
活动日   2.137   0.673    3.091   0.002  **
```

"全是数啊，这在我看来就是天书。"

小太郎被这堆数字吓得有点儿懵。

"这是在检查各个因素，看它们有没有对'单日失窃数额是否超过1500 日元'造成影响。**周三**这行的右端有 3 个星号，对吧？这表示统计软件认为**周三很可疑**。另外**深山学园高中的活动日**这行的右边也有 2 个星号，跟上面的道理一样，软件认为**搞活动的日子很可疑**。"

"逸子小姐，这些数值应该怎么理解啊？"

数值表达的意思我是一丁点儿都没搞懂。

06-06 优势比

"唔，单从这些数值上确实看不出什么来。咱们把它换成直观点的数值好了。"

```
> xiaotailang.glm$coefficients %>% exp %>% round(2)

(Intercept)    周几周一      周几周二      周几周三      周几周四      周几周五
       0.03        1.00          1.94         26.93          4.02          4.02
   周几周六     活动日yes
       2.00          8.47
```

"俵太，这是什么？"

"呃，我也不知道……"

"这个叫优势比啦。把输出内容整理一下就是这样……"

逸子小姐随手拿了张打印纸，用圆珠笔草草画了个表。

表 06-01　以周日为基准的优势比

周一	周二	周三	周四	周五	周六	活动日
1.00	1.94	26.93	4.02	4.02	2.00	8.47

"优势比？那不是赌马时用的数字吗？"

小太郎吃了一惊，而我更吃惊。因为在我看来，小太郎怎么也不像那种会赌马，或者说了解赌马的人。

"没错。具体怎么算我就不讲了，总之优势比为 3 就表示胜率为 3 倍。这里是以周日为基准的，可以看出，除了周一以外，非周末时间的失窃数额都相对较高，其中最突出的就是周三，危险度高达近 27 倍。另外活动日的风险也达到了 8.5 倍。这表示每逢周三和深山学园高中的活动日，小偷就格外多。"

"呃，就是说……"

我还有点迷糊。逸子小姐无奈地笑了笑，歪头等着后半句。

"懂了，这意味着深山学园高中的学生有洗脱不掉的嫌疑吧……"

"嗯。我估计啊，每逢隔周的周三，就有很多孩子闲着没事在商业街晃悠。其中一些品行不端的学生呢，就三五成群去偷东西……所谓小人闲居为不善嘛。当然了，这都是我的想象，或者说臆测。"

"说起来，确实每隔一阵子就能看到有深山学园高中的学生从大中午开始就在商业街闲逛。当时只觉得'哦，学生们今天下午不上课'，也没太往心里去。"

"不过我先提醒一句，这个判断只是我根据相关知识和手头数据得出来的。没准有哪个盗窃团伙专门在隔周的周三跑来作案，只是我们不知道而已。也就是说，这里的解释变量可能从一开始就选错了。要真如此，深山学园高中的学生们可就背了个大黑锅哟。"

"唔……这么说的话，咱们的证据还不足以向高中那边抗议啊，虽说他们的嫌疑非常大。"

"逸子小姐、俵太，那你们说我到底该怎么办啊？"

小太郎都快哭出来了。

"确实是个问题。又不能公之于众……没办法，这事儿我去给你们搞。"
"啊?"

两个大男人红着脸观察逸子小姐的表情，等着下文。

"我私下去找深山学园高中的校长谈谈，让他采取点儿对策。"
"诶?"

相对于我的吃惊，小太郎脸上更多的是疑惑。突然他"啊"地一声，貌似想起了什么。

"那所高中是我的母校啦。当年带我的班主任就是现任校长，所以我俩之间还是很好说话的。不过话说回来，我上高中那阵子根本没有学生偷东西。好怀念高中时代啊，只可惜现在的校风貌似大不如前了。难道是我老了吗?"

见我傻在一旁，逸子小姐给我解释了一番，然后压低声音窃窃地笑了。

06-07 用RStudio作逻辑回归分析

然后，小太郎说什么也要表示一下谢意，于是硬拉着逸子小姐去了商业街的咖啡厅。这餐本来我也有份，但考虑到小太郎的心思，还是决定成人之美，一个人留在了办公室。而且对于逸子小姐刚刚讲的"逻辑回归分析"，我还想多研究研究。

在逸子小姐出发前，我大致问了用 RStudio 进行逻辑回归分析的流程。恰巧手边还有份统计美国新生儿体重、母亲体重以及母亲吸烟习惯的数据，正好拿来"趁热打铁"。按照逸子小姐说的步骤，我将数据加载进 RStudio，并显示了开头部分。

```
> load("birthwt.rda") # 或者写成load(file.choose())，从对话框中选择文件
> head(birthwt)

   low age lwt race smoke ptl ht ui ftv  bwt
85   N  19 182    B     N   0  N  Y   0 2523
86   N  33 155    O     N   0  N  N   3 2551
87   N  20 105    W     Y   0  N  N   1 2557
88   N  21 108    W     Y   0  N  Y   2 2594
89   N  18 107    W     Y   0  N  Y   0 2600
91   N  21 124    O     N   0  N  N   0 2622
```

其实这批数据原本是 RStudio 自带的，只不过我加载的这份被逸子小姐修改过，相较于原先的更直观一些。数据各列的意义如下。

表 06-02　brithwt 数据各列的内容

列名（变量名）	意义
low	新生儿的体重是否不满 2.5 千克（不满 2.5 千克的记为 Y）
age	母亲的年龄

（续）

列名（变量名）	意义
lwt	母亲的体重（单位为磅）
race	母亲的人种（白人记为 W，黑人记为 B，其他记为 O）
smoke	母亲的吸烟习惯（吸烟记为 Y，否则记为 N）
ptl	母亲的早产经历（有记为 Y，否则记为 N）
ht	母亲是否有高血压（有记为 Y，否则记为 N）
ui	母亲是否有子宫敏感（有记为 1，否则记为 0）
ftv	妊娠期间的诊查次数
bwt	新生儿的体重

　　逸子小姐临走前留下的任务是"通过逻辑回归分析，从这份数据中找出导致新生儿体重不足 2.5 千克的因素"。就现阶段而言，从第 2 行的年龄（age）开始到诊查次数（ftw）全都是可疑因素，所以要对这里的所有数据执行分析。最后 1 个变量（bwt）不必考虑，因为它与第 1 个变量（low）的关系显而易见。bwt 不足 2.5 千克的话 low 肯定是 Y（es），反之则为 N（o）。

　　RStudio 中执行逻辑回归的函数是 glm()，要在圆括号中指定模型公式。模型公式就是表示因果关系的式子，写的时候反应变量居左，解释变量居右，中间用波浪线（~）连接。具体到这个例子中，就是 low 写在左边，其余可疑因素写在右边。当解释变量不止一个时，用加号（+）连接。

　　结果就是这样。

```
low ~ age + lwt + race + smoke + ptl + ht + ui + ftv
```

　　另外，需要留意一下 race、smoke、ptl、ht。以 smoke 为例，有吸烟习惯的为 Yes，否则为 No，它只可能是这 2 个值，因此又称为二值变量。在处理这类变量时，数据分析软件会将其分为 2 列，比如 smoke 会分为 smokeYes 和 smokeNo。所以记录某女性是否吸烟的数据会转换为下面这种表格。

表 06-03　吸烟习惯与二值变量的对应

被调查者	有吸烟习惯（smokeYes）	无吸烟习惯（smokeNo）
女性 A	0	1
女性 B	1	0
女性 C	1	0

即符合该条件的为 1，不符合的为 0。在上面的例子中，女性 A 不吸烟，女性 B 和 C 吸烟。人种 race 也是，这个变量只有 White、Black、Other 三个值，分别对应白人、黑人、其他，按照同样原理来表示的话，就是下表这样。

表 06-04　人种与二值变量的对应

被调查者	白人（raceWhite）	黑人（raceBlack）	其他（raceOther）
女性 A	1	0	0
女性 B	0	1	0
女性 C	0	0	1

上表中，女性 A 为白人，女性 B 为黑人，女性 C 为其他（拉美或亚洲人）。

如果不知道数据在 RStudio 中会被加工成这个样子，回头看到分析结果时肯定傻眼。

接下来指定分析方法为**逻辑回归**。方法如下。

```
family = binomial
```

family 在数据分析中指的是概率的种类，我把它指定为 binomial。binomial 翻译过来就是"二项"。这类分析要预测的只有"是"和"不是"这 2 种情况，所以分析时要指定为"二项"。

最后一步是指定数据。如果忘记这个，RStudio 就没法知道该到哪去找变量 low。

```
data = birthwt
```

整个语句写起来很长，它是下面这个样子。

```
glm(low ~ age + lwt + race + smoke + ptl + ht + ui + ftv,
        family = binomial, data = birthwt)
```

接下来要做的就是敲代码和按 Enter 了。不过，单执行上面这条命令的话，最后只会显示一部分结果。所以用 RStudio 进行逻辑回归分析时，需要先将执行结果另存一下，然后再通过 summary 函数详细研究。虽说另存时的名称可以随便起，但为了能一眼看出它是 glm 函数的执行结果，我给它起名叫 bw.glm。开头 bw 是 birthwt 的缩写。

执行之后冒出了一大堆结果，其中大半我目前还看不懂。总而言之，先捡着自己能看懂的部分（跟刚才一样，还是系数（coefficients）那部分）研究。

```
> bw.glm <- birthwt %>% glm(low ~ age + lwt + race + smoke + ptl +
ht + ui + ftv, data = .,family = binomial)
> bw.glm %>% summary
```

```
Coefficients:
            Estimate Std. Error z value Pr(>|z|)
(Intercept)  0.480623  1.196888   0.402  0.68801
age         -0.029549  0.037031  -0.798  0.42489
lwt         -0.015424  0.006919  -2.229  0.02580 *
raceB        1.272260  0.527357   2.413  0.01584 *
raceO        0.880496  0.440778   1.998  0.04576 *
smokeY       0.938846  0.402147   2.335  0.01957 *
ptl          0.543337  0.345403   1.573  0.11571
htY          1.863303  0.697533   2.671  0.00756 **
uiY          0.767648  0.459318   1.671  0.09467 .
ftv          0.065302  0.172394   0.379  0.70484
```

结果一如既往，满屏幕都是数。这里先关注重要部分，也就是右端有星号的部分。具体说来，可以认为"母亲的体重（lwt）""黑人及其他（raceB, raceO）""吸烟（smokeY）"以及"高血压（htY）"对反应变量有着"显著"影响。

此外，smokeY对应有吸烟习惯（smokeYes），raceB对应黑人人种（raceBlack）。smokeNo和raceWhite之所以没有出现在输出结果中，是因为它们被用作了判断基准。也就是说，smokeY的输出结果表示"smokeY与smokeN相比有多大不同"，raceB的输出结果表示"raceB相对于raceW有多少差距"。

可以看出，"母亲的体重"和"母亲不是白人"对新生儿体重是否过轻存在影响。具体原因并不清楚，可能跟家庭环境以及经济状况有关。

另外，母亲吸烟也会加重新生儿体重不足的风险。先不说这在医学方面的因果关系，单就我的感觉而言，母亲吸烟对孩子肯定有坏处。然后，当母亲患有高血压时，生出的孩子也有体重过轻的危险。

至于到底有多危险，可以通过具体数值来衡量。方法逸子小姐之前已经教过我了。

```
> bw.glm$coefficients %>% exp %>% round(2)

(Intercept)         age         lwt       raceB       raceO      smokeY
       1.62        0.97        0.98        3.57        2.41        2.56
        ptl         htY         uiY         ftv
       1.72        6.44        2.15        1.07
```

这个输出结果称作**优势比**。举个例子，有100个患某种病的人，其中80人吸烟，20人不吸烟，那么吸烟者与不吸烟者的比率为80÷20 = 4。相对地，另外有100个未患此病的人，其中20人吸烟，80人不吸烟，那么比率为20÷80 = 0.25。将这2个比率相除，4÷0.25 = 16就是**优势比**了。可以认为，吸烟者患该病的可能性是不吸烟者的16倍。

从上面的输出结果可知，吸烟女性生出2.5千克以下婴儿的可能性是不吸烟女性的2.56倍。然后高血压女性生出2.5千克以下婴儿的可能性是未患高血压者的6.44倍之多。母亲不是白人（raceB，raceO）的情况下，婴儿体重过轻的可能性也会相对高一些。

如今，逻辑回归分析已被广泛应用于医学领域。不仅如此，它在其他诸多方面同样有着用武之地，比如调查内阁支持率是否受性别和年龄影响等。正当我打开搜索引擎，准备认真查查逻辑回归分析的理论机制时，门铃再次响了。电脑屏幕中映出了小太郎的身影，但是没看到逸子小姐。我揣着满脑袋纳闷儿赶忙起身打开大门，只见小太郎单手挠着后脑勺，一脸苦笑：

"失误了，不该去商业街的'巴赫咖啡厅'。我们屁股还没坐热呢，附近的店主们就闻风聚过来了。结果你瞧，不光逸子小姐被他们抢走，我还落得一个'年轻小鬼靠边站'的待遇。最后没辙，想着怎么也要再跟你道声谢，我就一个人回来了。"

"瞧你客气的。话说，逸子小姐还真是这儿的大红人啊。"

"那当然，她现在可是小公主。"

"哦？"

这次轮到小太郎一脸惊讶了。

"还'哦？'，莫非谁都没跟你提起过？商业街这一带的土地如今几乎都是天羽家族的财产。这附近的商业大楼也全在天羽家族名下，现在是以租赁形式租给人们用的。"

"天羽家族……你的意思是……"

"嗯，天羽家现任当家有两个孩子，但两个都是女孩。他们家是出了名的女孩多男孩少，这么多年来就没怎么生过男孩，连现任当家都是抱养的。这位现任当家的长女在高中毕业之后，强顶着全家人的反对嫁到了别的人家，后来生了一个女儿，这个女儿就是逸子小姐。然后，这AMO'S 事务所的总经理天羽幸小姐就是现任当家的二女儿。也就是说，逸子小姐是幸小姐的外甥女。"

"……呃，我居然完全不知道……照这么说，所谓的去商业街跑业务是指……"

"说白了就是主人巡视自家店铺的营业情况。现在付房租什么的都是银行转账了。"

"那我们这儿是……"

"叫征信所只是因为天羽幸小姐觉得好听，其实这公司是管理商业街房屋土地以及租金的。至于会接到很多顾问性质的工作，是因为这里向商业街各店铺收着会费，负责给我们当各项事宜的顾问。"

"呃，这我一点都不知道。"

"唉，其实我们更羡慕你，能一整天都跟幸小姐还有逸子小姐在一起。"

"可是，她们为什么会雇我啊？像她们这种大地主家，只要随便发个招聘广告，高手大神还不是要多少有多少？"

这个问题貌似让小太郎有些为难，他好像在犹豫该不该告诉我。

"这个事儿嘛……还是告诉你吧，因为我觉得你没问题。其实你不是第一个被招进这个公司的。幸小姐改用公司模式管理土地房屋已经有差不多5年了，在这期间，来来回回光我记得就换了有20个人左右，但最长的都没挺过3个月。"

"诶？为什么？天羽小姐和逸子小姐都挺好相处的啊。"

"话是这么说，但她俩不管遇上啥事都只知道数据啊数据的，而且还强制要求人家熟练掌握复杂的统计软件。要知道她们招人的时候写的可是'侦探'呐，任谁也干不下去啊。"

小太郎苦笑着说道。

"话说俵太，这个麻烦的统计软件我看你用得挺溜的。换了几十号人，你还是第一个能做到这点的。幸小姐和逸子小姐如此看好你，应该也是因为这个吧？"

老实说，我现在确实对RStudio挺感兴趣的。难归难，但只要动动手，结果就会以数值或图表的形式展现在眼前，这倒不失为一种乐趣。当然了，要想用这个软件进行数据分析，就必须另外把统计学啥的学好。这可是个数学公式满天飞的领域，难度不容小觑。不过神奇的是，对纯种文科出身的我而言，参考书中的数学公式已经不那么可怕了，相反还有一种想去理解它的冲动。人真是种善变的生物。

"怎么了？"

小太郎观察着我的表情，看得出他有些担心。

"啊，没事。我只是想，我真能胜任这份工作吗？真能做到不给天羽小姐、逸子小姐，还有商业街的各位添乱吗？"

听到这个，小太郎摆出了逸子小姐的惯用动作，伸出右手翘起大拇指：

"你行的。"

看着小太郎那亲切的笑容，我暗暗下定决心：虽然还没什么自信，但现阶段，我要努力在这个公司干下去。

天羽总经理的统计学指南

●时间序列分析

本书在检查数据是否存在周期性时使用了一张图（图06-05），该图基于自相关绘制而成。一般情况下，我们说的"相关"都是指 2 个数据之间的关系，但研究自相关时，要将 1 个数据按一定时间间隔拆分开，探讨某一时间点与其他时间点的相关。

举个例子，假设有一份以天为单位记录数值的数据，我们要研究的，就是某一天的数值与 1 天后的、2 天后的、3 天后的数值的关系。这里的时间间隔称为延迟。在本章中，我们发现第 1 天的失窃数额与 14 天后的受损金额存在相关，因此判断数据以 2 周为 1 个周期。

●逻辑回归分析

诸如"男或女""发病或不发病""支持或不支持"这种结果只能二选一的数据被称为二值变量。逻辑回归分析则是以二值数据为反应变量的回归分析。不过，逻辑回归分析并不直接使用二值变量本身，它所使用的，是一个以该二值变量的对数优势比为反应变量的模型。至于优势比的概念，举个例子，假设患某病的概率除以不患的概率等于 2，就表示有 2 倍的风险患上该病。

本章出现的 $\mathcal{R}$ 代码

● Code06-01 时间序列数据的处理方法（P.212）

本章处理的数据是按照时间（日期）顺序记录的，这类数据被称为时间序列数据。用 RStudio 分析它们时，要将表示日期的列特别强调为"时间序列"。

```
> xiaotailang <- read.csv("Chapter06/xiaotailang.csv", colClasses =
c("numeric","factor","Date","factor","factor"))
> # 安装便于处理时间序列数据的程序包
> install.packages("xts")
> library(xts)
> # 给数据设置日期
> library(dplyr)
> lostD <- seq(as.Date("2014-10-1"), as.Date("2015-5-30"), by =
"days")
> lost <- xts(xiaotailang$数额, order.by = lostD, dateFormat = "Date")
> lost %>% plot (type = "l", main = "失窃数额")
```

● Code06-02 限定时间段的时间序列图（P.213）

这份数据的起点是 10 月 1 日，所以将对象限定为前 31 项，就可以画出 10 月份的图了。

```
> lost[1:31] %>% plot ( type = "l",main = "失窃数额（10月）")
> # plot(lost[1:30], type = "l",main = "失窃数额（10月）", family =
"MEI")
```

● Code06-03 画图分析周期性（P.216）

时间序列分析中往往要确认数据的周期性。比如各名胜地的纪念品店，其周日的销售额大多比工作日的要高。这种情况下，我们认为某个周日的销售额与上周日或者下周日的销售额具有很强的相关性。这种某数据与不同日期的该数据（比如 7 天后、14

天后的该数据）的相关称作自相关。而自相关图，则是我们按日期间隔检查数据是否存在显著自相关时要用到的基本工具之一。图中越过横向虚线的地方就是存在显著相关的地方。从正文的例子中可以看到，每 14 个间隔就出现 1 次显著相关。在 RStudio 中，只需使用 acf 函数即可分析出这种周期性。

```
> lost %>% acf
```

● Code06-04 月历图（P.219~220）

这是一个使时间序列数据可视化的优秀工具，数据较大的日期背景色较深，较小的日期背景色较浅。同时这也是一个很方便地确认数据周期性的图。使用时需要安装 openair 程序包。

```
> install.packages("openair")
> library(openair)
> calendarPlot(xiaotailang, pollutant = "数额", year = c("2014"))
> calendarPlot(xiaotailang, pollutant = "数额", year = c("2015"))
```

番外篇
进行数据分析前的 RStudio 环境搭建

■本书涉及的数据的下载

本书涉及的数据可以从以下网站下载。

出版社网站（点击"随书下载"）

http://www.ituring.com.cn/book/1809

作者的网站（日语）

https://github.com/IshidaMotohiro/Detectives

下载本书所有数据的 zip 格式压缩包后双击解压，然后就会看到 AmosMac 和 AmosWIN 两个文件夹，各位请根据自身情况加以选择。这两个文件夹中保存有已按照章节分好的子文件夹。

■安装 R 及 RStudio

安装 R 及 RStudio 时，各位只需访问下述网站，在 Downloads 链接中下载适合自己电脑 OS 的安装包即可（网站为英文）。剩下的工作就是双击安装包，跟着安装向导进行安装。

R的下载地址	http://cran.ism.ac.jp/
RStudio的下载地址	https://www.rstudio.com/

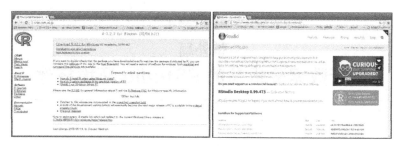

图 A-01
R 与 RStudio 的下载页面

■启动 RStudio

双击桌面上的 ![icon] 图标。启动软件后，左侧会显示控制台标签，右侧分为上下两部分，上面的窗格负责管理数据等内容，下面的窗格用来操作文件、图片、附加程序包等。

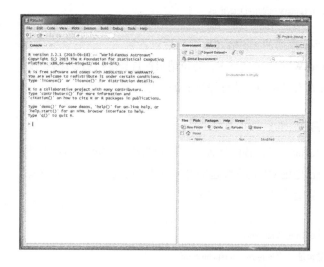

图 A-02
R 与 RStudio
的初始界面

请注意，安装后的默认设置有可能并不支持中文，在制图等操作时会出现乱码，因此需要进行相应设置。最简单的方法就是自定义 .Rprofile 文件。执行下述命令会在用户根目录下生成一个 .Rprofile 文件，每次启动 RStudio 时会自动执行该文件中的 Sys.

setlocale() 函数，将当前语言设置为中文。

Windows

```
cat('
Sys.setlocale(category = "LC_ALL", locale = "CHS")
', file = '~/.Rprofile', append = TRUE)
```

Mac

```
cat('
Sys.setlocale(category = "LC_ALL", locale = "zh_CN.UTF-8")
', file = '~/.Rprofile', append = TRUE)
```

此外，用户根目录地址如下。

Windows 　⇒C:\用户\用户名

Mac 　　　⇒/Users/用户名

RStudio 和 R 在启动时会读取用户根目录下的 .Rprofile 文件，所以只要重新启动 RStudio，今后这个设置就会一直有效。

■创建项目

为每个案例准备一个专用文件夹，这样既便于汇总文件，也可以与其他案例进行区分。RStudio 把这个称为**项目**（project）。

启动 RStudio 后，先点击右上角的 Projects(None)，选择 New Project 项。由于所下载文件已经建好了文件夹，所以各位在利用"本书涉及的数据"尝试各章的分析时，可以在下述对话框中选择 Existing Directory。

图 A-03
RStudio 的项目设置（其一）

点击右侧的 [Browse...] 按钮，选择之前下载好的两个文件夹中的任意一个（AmosWin、AmosMac），按下 [Create Project] 即可生成本书专用的项目。接下来只要在右下窗格的 [File] 标签页中点选各章以 Chap 开头的文件，相应文件便会显示在窗口左上部分。

图 A-04
RStudio 的项目设置（其二）

新建项目和文件夹时请点击最上面的 New Directory，然后在 Project Type 对话框中选择第一个 Empty Project，最后在 Create New Project 中指定项目名（上）和保存位置（下）。请注意，文件名中尽量不要出现中文和空格。顺便告诉大家，New Project 对话框最下面的 Version Control 是面向多人协同编辑作业的设置。

■执行 R 脚本

点击左上角的白色图标 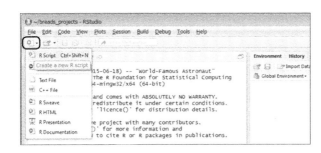，选择 R Script。

图 A-05
R 脚本的输入
画面（其一）

可以看到左上角出现了 Untitled1 标签页，这个是**脚本**（script），也就是写 R 命令的文件。现在试着输入 getwd()。在输入过程中，屏幕上会出现下图所示的候选项，各位可以用 Tab 键进行选择。这是代码自动补全功能。输入完成后就可以**执行**了，点击右上的 ⇥Run 按钮即可。

图 A-06
R 脚本的输入
画面（其二）

在上面的脚本文件中写命令（代码）并执行，代码和执行结果就会显示在下方的控制台中。除使用 ⇥Run 按钮外，还能通过同时按下 **Ctrl** 和 **Enter** 来执行光标所在范围内的代码，并在控制台中输出代码和结果。

查看 getwd() 的执行结果时，会发现窗口中显示了我们在生成项目时选择的文件夹。如果在这个文件夹内保存了数据等文件，则可以在右下 [Files] 标签页里看到那些数据等文件的列表。

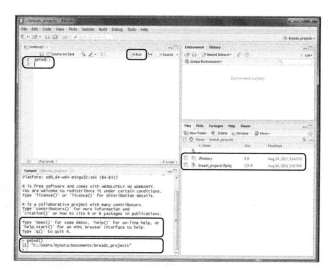

图 A-07
R 脚本画面中的输入及执行结果

　　接下来在脚本中输入 iris。输入时请务必小心，因为 RStudio 是区分大小写字母的。输入 ir 后按 TAB 键会弹出菜单，里面有推荐的备选内容，各位可以用鼠标或方向键进行选择。选定后按 **Tab** 或 **Enter** 键即可自动输入已选中的内容。

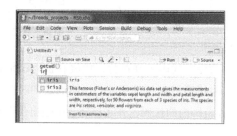

图 A-08
代码自动补全功能

■安装程序包

　　iris 里装有鸢尾花的花瓣长度及宽度的测量数据，它们来自 3 个品种的鸢尾花，每个品种有 50 枝。下面我们将其**可视化**（图表化）。R 本身自带了多种多样的制图功能，但这里我们要导入近来在数据分析界备受欢迎的 ggplot2 程序包。

安装程序包有两种方法，一种是在脚本中输入 install.
packages("ggplot2") 并执行，另一种是在右下窗格的
[Packages] 标签页中进行操作。我们这里要讲解的是后者。

首先，选择 Packages 标签页，点击其左下方的 Install 图标
()。此时会弹出 Install Packages 窗口。在正中央的空
栏输入 ggp，从候选项中选择 ggplot2。接下来在后面加一个空格，输
入 dplyr。这是个提高数据处理效率的程序包。按下 Install ，软件
会自动从网上下载选定的程序包。

图 A-09
下载程序包

■程序包的调用

调用程序包前需要先加载。这里有两种加载方法，以 ggplot2 为
例，一是在 [Packages] 标签页最左端的复选框中勾选，二是在 R 脚
本中执行 library(ggplot2)。在脚本中输入 lib 并按 Tab 键，会出
现 4 到 5 个候选项，各位可以从中选择 library。接下来在圆括号中输
入 gg 并同样按 Tab 键，即可选择 ggplot2。同样道理，也可以用
library 加载 dplyr。

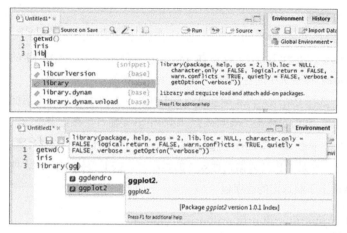

图 A-10
加载程
序包
（调用）

　　我们之前在脚本里已经输入了 iris，现在直接在其右边添加 %>%。另外，按 Ctrl + Shift + M 组合键也能自动填充 %>%。这种操作称为快捷键。RStudio 的快捷键有很多，各位可以根据菜单中的 Help ⇒ Keyboard Shortcuts 查看其一览表。

　　输入 iris %>% 之后，请继续输完下面这条略显麻烦的代码并执行。

```
iris %>% ggplot(aes(x = Petal.Length, y = Petal.Width, col =
Species)) + geom_point()
```

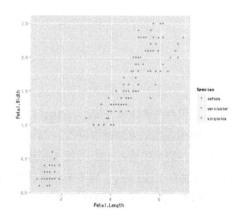

图 A-11
iris（鸢尾花）数据
的散点图

这是根据鸢尾花花瓣（Petal）数据生成的一个简单的散点图，X 轴和 Y 轴分别为花瓣的长度和宽度，不同品种由不同颜色表示。之前我们说过，这份数据中包含 3 种鸢尾花，从这张彩色散点图中可以看出，通过花瓣大小是能够区分不同品种的。

■安装 MeCab（Windows）[①]

要想在电脑上执行文本挖掘，需要先安装能进行词素解析的软件。本书使用的是 MeCab。Windows 用户可以访问 http://taku910.github.io/mecab/#download，下载 Binary package for MS-Windows 中的文件并双击安装。

Mac 系统下的安装比较繁琐，详细流程在 https://sites.google.com/site/rmecab/home/install[②] 中有介绍，有能力的读者不妨挑战一下。

图 A-12
MeCab 的下载页面及安装

MeCab 可以独立运行，但通过 R 使用会更加便捷。为此我们还要安装 RMeCab 程序包。在 R 脚本中执行下述代码即可。

---

① MeCab 是一款日文分词器，它本身并不支持中文，读者可以尝试使用 Pan Yang 发布于 GitHub 上的 MeCab-Chinese（https://github.com/panyang/MeCab-Chinese）。关于 MeCab-Chinese 的相关信息请参考 http://www.52nlp.cn/tag/mecab 中文分词。——译者注
② 该网站只有日文版。——译者注

```
Install.packages（"RMeCab"，repos = http://rmecab.jp/R)
```

■遇到问题时的对策

　　R 是一款不太好掌握的编程语言，所以在使用过程中经常会遇到一些意想之外的问题。这种时候只能去询问高手、老手，或者在 Web 上搜索相关解决方法。比如在 Google 上搜索关键字，等等。逛一逛各种 SNS 也是不错的选择，比如在 Facebook、Twitter、Qiita 或 Slack 上找一找对 R 语言比较熟悉的人。如果对英语有自信，您还可以通过 Stack-overflow 获得信息。

参考文献简介

本书通篇使用 RStudio 这一免费自由软件进行数据分析。在此，笔者将为那些希望较全面地了解本书内容的读者，以及想进一步学习数据分析知识与技术的读者介绍相关的图书及 Web 站点。

■书籍

入门类

1. 鳥居泰彦（著）『はじめての統計学』

（日本経済新聞社，1994/11，ISBN-10: 4532130743）

《统计学入门》（尚无中文版）。一本手把手地教你学习统计学的入门好书，对概率的基础，平均值与标准差的定义，检验的概念等进行了细致耐心的讲解。书中详细介绍了平均值与标准差的实际计算方法，循循善诱的步骤讲解让数学或算术不好的读者也能看得懂。读完这本书，您就具备了向人炫耀统计学基础知识的资本。

2. 長谷川勝也（著）『イラスト図解　確率・統計のしくみがわかる本—わからなかったことがよくわかる、確率・統計入門』

（技術評論社，2000/02，ISBN-10: 4774109290）

《图解概率与统计学：从不懂到全懂》（尚无中文版）。同样是一本对不擅长数学的读者来说很友好的书，内容涵盖概率、平均值和标准差、各种检验，等等，讲解详细、简明易懂。该书用大量篇幅对概率的相关知识进行了讲解，让读者在读完该书之后能够踏实掌握统计学及其相关的基础知识。

3. 石田基広（著）『R で学ぶデータ・プログラミング入門—RStudio を活用する』

（技術評論社, 2000/02, ISBN-10: 4774109290）

《R 语言数据编程入门——RStudio 应用》(尚无中文版)。通过RStudio 学习统计学基础知识的入门书籍。R 语言这种通过编写代码进行分析的流程被称为 "编程"，所以这也是一本编程入门书籍。

4. 馬場敬之、久池井茂（共著）『スバラシク実力がつくと評判の確率統計キャンパス・ゼミ（大学数学「キャンパス・ゼミ」シリーズ)』

（マセマ出版社, 2003/09, ISBN-10: 4944178212）

《让你实力大增的概率与统计学大学讲义》(大学数学 "大学讲义"系列)(尚无中文版)。这本书适合不愿意死记硬背公式，希望从零开始学习数学以及概率与统计学的读者。虽然该书满篇都是公式，但也对公式的展开进行了非常详细的说明，能够帮助读者在学习的过程中复习数学知识。

进阶类

5. 酒巻隆治、里洋平（共著）『ビジネス活用事例で学ぶ　データサイエンス入門』

（SB Creative, 2014/06, ISBN-10:4797376333）

《数据分析实战》(人民邮电出版社，2017 年 6 月)。虽然这是一本进阶类图书，但零基础的人依然能够读懂。书中内容指导我们如何掌握、理解在商务场合遇到的问题，还讲解了解决问题的流程，以及学以致用的技巧。

该书适合希望对实用型数据分析有所了解的读者。有统计学及 R 语言基础的读者阅读起来会相对轻松。

6. あんちば（著）『データ解析の実務プロセス入門』

（森北出版，2015/06，ISBN-10: 4627817711）

《数据分析工作流程》（尚无中文版）。从心得、思路、方针等方面指导读者如何应对公司老板突然分配下来的数据分析任务。内容起点低，解说详细，并且不需要数学和统计学的知识基础，是本不折不扣的好书。

7. 石田基広（著）『R によるテキストマイニング入門』

（森北出版，2008/12，ISBN-10: 4627848412）

《R 语言数据挖掘入门》（尚无中文版）。该书讲解了文本挖掘的思路及方法。从 R 语言基础知识讲起，细致入微。整体来说，这是一本偏向编程指导的书籍。

8. 石田基広（著）『とある弁当屋の統計技師 2—因子分析大作戦』

（共立出版，2014/01，ISBN-10:432011082X）

《便当店统计师 2：因子分析大作战》（尚无中文版）。该书讲解了主成分分析（本书中也有介绍），以及与之相类似的因子分析。书中内容以小说形式呈现，读起来轻松有趣。

9. 岩沢宏和（著）『世界を変えた確率と統計のからくり 134 話』

（SB Creative，2014/09，ISBN-10:4797376023）

《改变世界的 134 个概率统计故事》（湖南科学技术出版社，2016 年4 月）。这虽然不是一本系统讲解概率与统计的书，但读者可以从该领域的历史，以及对该领域有贡献的学者的语录中学习相关知识。同时这还不失为一本有趣的故事书。

■ Web 站点

统计学相关

1. 統計・データ解析（统计・数据分析）
https://oku.edu.mie-u.ac.jp/~okumura/stat/

　　这是三重大学奥村晴彦教授的个人网页，上面介绍了许多数据分析的实例，并且每个实例都附有详细的讲解。

2. ハンバーガーショップで学ぶ楽しい統計学—平均から分散分析まで（在汉堡店学习有趣的统计学：从平均分析到方差分析）
http://kogolab.chillout.jp/elearn/hamburger/

　　与向后千春、富永敦子合著的《统计学详解（First Book 系列）》[①]一书的内容大同小异，但这边可以免费阅读。其中通俗易懂地讲解了统计分析的基本手法。

3. ミクの歌って覚える統計入門（听歌学统计学：初音未来的力量）
http://miku.motion.ne.jp/

　　从标题或文章来看，或许让人觉得"噱头"的成分居多，但内容很实在，里面对统计分析的手法和机制进行了相当专业的讲解。

R 语言相关

4. 統計解析（统计分析）
R-Tips　http://cse.naro.affrc.go.jp/takezawa/r-tips/r.html

　　与舟尾畅男著的《The R Tips（第 2 版）：数据分析环境 R 的基本方法和图表法应用集》[②]的内容大同小异，但这边可以免费阅读。各位可以

---

① 原书名为『統計学がわかる（ファーストブックシリーズ）』（技術評論社，2007/09，ISBN-10: 4774131903），尚无中文版。——编者注

② 原书名为『The R Tips[第 2 版]——データ解析環境 R の基本技・グラフィックス活用集』（オーム社，2009/11，ISBN-10: 4274067831），尚无中文版。——编者注

通过该网站了解或查找 R 语言的各种功能及函数。上面的一些说明已经较为落后，但总的来说仍相当具有参考价值。

5. 実践！R で学ぶ統計解析の基礎（实践！R 语言统计分析基础）

http://www.atmarkit.co.jp/fcoding/index/stat.html

通过具体事例了解 R 语言的功能。

6. R のグラフィック作成パッケージ "ggplot2" について（关于 R 语言图表生成程序包 ggplot2）

http://id.fnshr.info/2011/10/22/ggplot2/

本书的图表绝大部分都是用 ggplot2 生成的。该网站上有 ggplot2 基础知识的详细介绍。

7. R、R 言語、R 環境（R、R 语言、R 环境）

http://www1.doshisha.ac.jp/~mjin/R/

该网站详细讲解了用 R 语言执行数据分析的流程等知识。上面的一些内容已经较为落后，但仍相当具有参考价值。